"十三五"国家重点图书出版规划项目

水利水电工程信息化 BIM 丛书 | 丛书主编 张宗亮

HydroBIM-乏信息综合勘察设计

张宗亮 主编

· 北京 ·

内 容 提 要

本书系国家出版基金项目和“十三五”国家重点图书出版规划项目——《水利水电工程信息化 BIM 丛书》之《HydroBIM-乏信息综合勘察设计》分册。全书共 7 章，主要内容包括：绪论、乏信息基础数据采集和处理方法、乏信息综合勘察数据集成与三维设计、HydroBIM 乏信息综合勘察设计平台研发、红石岩堰塞湖应急处置与开发利用工程应用、印度尼西亚 Kluet 1 水电工程应用、总结与展望。

本书可供水利水电工程乏信息综合勘察设计人员借鉴，也可供相关科研单位技术人员及高等院校师生参考。

图书在版编目（CIP）数据

HydroBIM-乏信息综合勘察设计 / 张宗亮主编. 北京 : 中国水利水电出版社, 2024. 6. -- (水利水电工程信息化BIM丛书 / 张宗亮主编). -- ISBN 978-7-5226-2159-3

Ⅰ. TV22-39

中国国家版本馆CIP数据核字第2024CC4104号

书　名	水利水电工程信息化 BIM 丛书 **HydroBIM－乏信息综合勘察设计** HydroBIM－FAXINXI ZONGHE KANCHA SHEJI
作　者	张宗亮　主编
出版发行	中国水利水电出版社 （北京市海淀区玉渊潭南路 1 号 D 座　100038） 网址：www. waterpub. com. cn E－mail：sales@mwr. gov. cn 电话：（010）68545888（营销中心）
经　售	北京科水图书销售有限公司 电话：（010）68545874、63202643 全国各地新华书店和相关出版物销售网点
排　版	中国水利水电出版社微机排版中心
印　刷	北京印匠彩色印刷有限公司
规　格	184mm×260mm　16 开本　10.75 印张　205 千字
版　次	2024 年 6 月第 1 版　2024 年 6 月第 1 次印刷
印　数	001—800 册
定　价	**80.00** 元

《水利水电工程信息化 BIM 丛书》
编 委 会

《HydroBIM-乏信息综合勘察设计》
编委会

主　　编　张宗亮

副 主 编　吴学明　王　超　严　磊

参编人员　程　凯　桂　林　张社荣　王枭华　回建文
罗智锋　彭森良　王　俊　吴学雷　闻　平
刘增辉　吴小东　薛　莹　于　航　欧阳乐颖
贾　贺　曹文昱　李函逾　王　义　李昕璇

编写单位　中国电建集团昆明勘测设计研究院有限公司
天津大学

信息技术与工程深度融合是水利水电工程建设发展的重要方向！

中国工程院院士

马洪琪

2016年6月

序 一

信息技术与工程建设深度融合是水利水电工程建设发展的重要方向。当前，工程建设领域最流行的信息技术就是BIM技术，作为继CAD技术后工程建设领域的革命性技术，在世界范围内广泛使用。BIM技术已在其首先应用的建筑行业产生了重大而深远的影响，住房和城乡建设部及全国三十多个省（自治区、直辖市）均发布了关于推进BIM技术应用的政策性文件。这对同属于工程建设领域的水利水电行业，有着极其重要的借鉴和参考意义。2019年全国水利工作会议特别指出要“积极推进BIM技术在水利工程全生命期运用”。2019年和2020年水利网信工作要点都对推进BIM技术应用提出了具体要求。南水北调、滇中引水、引汉济渭、引江济淮、珠三角水资源配置等国家重点水利工程项目均列支专项经费，开展BIM技术应用及BIM管理平台建设。各大流域水电开发公司已逐渐认识到BIM技术对于水电工程建设的重要作用，近期规划设计、施工建设的大中型水电站均应用了BIM技术。水利水电行业BIM技术应用的政策环境和市场环境正在逐渐形成。

作为国内最早开展BIM技术研究及应用的水利水电企业之一，中国电建集团昆明勘测设计研究院有限公司（以下简称“昆明院”）在中国工程院院士、昆明院总工程师、全国工程勘察设计大师张宗亮的领导下，打造了具有自主知识产权的HydroBIM理论和技术体系，研发了HydroBIM设计施工运行一体化综合平台，实现了信息技术与工程建设的深度融合，成功应用于百余项项目，获得国内外BIM奖励数十项。《水利水电工程信息化BIM丛书》即为HydroBIM技术的集大成之作，对HydroBIM理论基础、技术方法、标准体系、综合平台及实践应用进行了全面的阐述。该丛书已被列为国家出版基金项目和“十三五”国家重点图书出版规划项目，可为行业推广应用BIM技术提供理论指导、技术借鉴和实践经验。

BIM人才被认为是制约国内工程建设领域BIM发展的三大瓶颈之

一。据测算，2019年仅建筑行业的BIM人才缺口就高达60万人。为了破解这一问题，教育部、住房和城乡建设部、人力资源和社会保障部及多个地方政府陆续出台了促进BIM人才培养的相关政策。水利水电行业BIM应用起步较晚，BIM人才缺口问题更为严重，迫切需要企业、高校联合培养高质量的BIM人才，迫切需要专门的著作和教材。该丛书有详细的工程应用实践案例，是昆明院十多年水利水电工程BIM技术应用的探索总结，可作为高校、企业培养水利水电工程BIM人才的重要参考用书，将为水利水电行业BIM人才培养发挥重要作用。

中国工程院院士 钟登华

2020年7月

序　二

中国的水利建设事业有着辉煌且源远流长的历史，四川都江堰枢纽工程、陕西郑国渠灌溉工程、广西灵渠运河、京杭大运河等均始于公元前。公元年间相继建有黄河大堤等各种水利工程。中华人民共和国成立后，水利事业开始进入了历史新篇章，三门峡、葛洲坝、小浪底、三峡等重大水利枢纽相继建成，为国家的防洪、灌溉、发电、航运等方面作出了巨大贡献。

诚然，国内的水利水电工程建设水平有了巨大的提高，糯扎渡、小湾、溪洛渡、锦屏一级等大型工程在规模上已处于世界领先水平，但是不断变更的设计过程、粗放型的施工管理与运维方式依然存在，严重制约了行业技术的进一步提升。这个问题的解决需要国家、行业、企业各方面一起努力，其中一个重要工作就是要充分利用信息技术。在水利水电建设全行业实施信息化，利用信息化技术整合产业链资源，实现全产业链的协同工作，促进水利水电行业的更进一步发展。当前，工程领域最热议的信息技术，就是建筑信息模型（BIM），这是全世界普遍认同的，已经在建筑行业产生了重大而深远的影响。这对同属于工程建设领域的水利水电行业，有着极其重要的借鉴和参考意义。

中国电建集团昆明勘测设计研究院有限公司（以下简称“昆明院”）作为国内最早一批进行三维设计和BIM技术研究及应用的水利水电行业企业，通过多年的研究探索及工程实践，已形成了具有自主知识产权的集成创新技术体系HydroBIM，完成了HydroBIM综合平台建设和系列技术标准制定，在中国工程院院士、昆明院总工程师、全国工程勘察设计大师张宗亮的领导下，昆明院HydroBIM团队十多年来在BIM技术方面取得了大量丰富扎实的创新成果及工程实践经验，并将其应用于数十项水利水电工程建设项目中，大幅度提高了工程建设效率，保证了工程安全、质量和效益，有力推动工程建设技术迈上新台阶。昆明院Hydro-BIM团队于2012年和2016年两获欧特克全球基础设施卓越设计大赛一等奖，将水利水电行业数字化信息化技术应用推进到国际领先水平。

《水利水电工程信息化BIM丛书》是昆明院十多年来三维设计及BIM技术研究与应用成果的系统总结，是一线工程师对水电工程设计施工一体化、数字化、信息化进行的探索和思考，是HydroBIM在水利水电工程中应用的精华。丛书架构合理，内容丰富，涵盖了水利水电BIM理论、技术体系、技术标准、系统平台及典型工程实例，是水利水电行业第一套BIM技术研究与应用丛书，被列为国家出版基金项目和“十三五”国家重点图书出版规划项目，对水利水电行业推广BIM技术有重要的引领指导作用和借鉴意义。

虽说BIM技术已经在水利水电行业得到了应用，但还仅处于初步阶段，在实际过程中肯定会出现一些问题和挑战，这是技术应用的必然规律。我们相信，经过不断的探索实践，BIM技术肯定能获得更加完善的应用模式，也希望本书作者及广大水利水电同仁们，将这一项工作继续下去，将中国水利水电事业推向新的历史阶段。

中国科学院院士

2020年7月

序　三

BIM技术是一种融合数字化、信息化和智能化技术的设计和管理工具。全面应用BIM技术能够将设计人员更多地从绘图任务中解放出来，使他们由“绘图员”变成真正的“设计师”，将更多的精力投入到设计工作中。BIM技术给工程界带来了重大变化，深刻地影响工程领域的现有生产方式和管理模式。BIM技术自诞生至今十多年得到了广泛认同和迅猛发展，由建筑行业扩展到了市政、电力、水利、铁路、公路、水运、航空港、工业、石油化工等工程建设领域。国务院，住房和城乡建设部、交通运输部、工业和信息化部等部委，以及全国三十多个省（自治区、直辖市）均发布了关于推进BIM技术应用的政策性文件。

为了集行业之力共建水利水电BIM生态圈，更好地推动水利水电工程全生命期BIM技术研究及应用，2016年由行业三十余家单位共同发起成立了水利水电BIM联盟（以下简称“联盟”），本人十分荣幸当选为联盟主席。联盟自成立以来取得了诸多成果，有力推动了行业BIM技术的应用，得到了政府、业主、设计单位、施工单位等的认可和支持。联盟积极建言献策，促进了水利水电行业BIM应用政策的出台。2019年全国水利工作会议特别指出要“积极推进BIM技术在水利工程全生命期运用”。2019年和2020年水利网信工作要点均对推进BIM技术应用提出了具体要求：制定水利行业BIM应用指导意见和水利工程BIM标准，推进BIM技术与水利业务深度融合，创新重大水利工程规划设计、建设管理和运行维护全过程信息化应用，开展BIM应用试点。南水北调工程在设计和建设中应用了BIM技术，提高了工程质量。当前，水利行业以积极发展BIM技术为抓手，突出科技引领，设计单位纷纷成立工程数字中心，施工单位也开始推进施工BIM应用。水利工程BIM应用已经由设计单位推动逐渐转变为业主单位自发推动。作为水利水电BIM联盟共同发起单位、执委单位和标准组组长单位的中国电建集团昆明勘测设计研究院有限公司（以下简称“昆明院”），是国内最早一批开展BIM技术研究及应用的水利水电企业。在领导层的正确指引下，昆明院在培育出大量水利水电 BIM 技术人才的同时，也形成了具有自主知识产权的以 HydroBIM 为核心的系列成果，研发了全生命周期的数字化管理平台，并成功运用到各大工程项目之中，真正实现了技术服务于工程。

《水利水电工程信息化 BIM 丛书》总结了昆明院多年在水利水电领域探索 BIM 的经验与成果，全面详细地介绍了 HydroBIM 理论基础、技术方法、标准体系、综合平台及实践应用。该丛书入选国家出版基金项目和“十三五”国家重点图书出版规划项目，是水利水电行业第一套 BIM 技术应用丛书，代表了行业 BIM 技术研究及应用的最高水平，可为行业推广应用 BIM 技术提供理论指导、技术借鉴和实践经验。

水利部水利水电规划设计总院正高级工程师
水利水电 BIM 联盟主席　刘志明

2020 年 7 月

序　四

我国目前正在进行着世界上最大规模的基础设施建设。建设工程项目作为其基本组成单元，涉及众多专业领域，具有投资大、工期长、建设过程复杂的特点。20世纪80年代中期以来，计算机辅助设计（CAD）技术出现在建设工程领域并逐步得到广泛应用，极大地提高了设计工作效率和绘图精度，为建设行业的发展起到了巨大作用，并带来了可观的效益。社会经济在飞速发展，当今的工程项目综合性越来越强，功能越来越复杂，建设行业需要更加高效高质地完成建设任务以保持行业竞争力。正当此时，建筑信息模型（BIM）作为一种新理念、新技术被提出并进入白热化的发展阶段，正在成为提高建设领域生产效率的重要手段。

BIM的出现，可以说是信息技术在建设行业中应用的必然结果。起初，BIM被应用于建筑工程设计中，体现为在三维模型上附着材料、构造、工艺等信息，进行直观展示及统计分析。在其发展过程中，人们意识到BIM所带来的不仅是技术手段的提高，而且是一次信息时代的产业革命。BIM模型可以成为包含工程所有信息的综合数据库，更好地实现规划、设计、施工、运维等工程全生命期内的信息共享与交流，从而使工程建设各阶段、各专业的信息孤岛不复存在，以往分散的作业任务也可被其整合成为统一流程。迄今为止，BIM已被应用于结构设计、成本预算、虚拟建造、项目管理、设备管理、物业管理等诸多专业领域中。国内一些大中型建筑工程企业已制定符合自身发展要求的BIM实施规划，积极开发面向工程全生命期的BIM集成应用系统。BIM的发展和应用，不仅提高了工程质量、缩短了工期、提升了投资效益，而且促进了产业结构的优化调整，是建筑工程领域信息化发展的必然趋势。

水利水电工程多具有规模大、布置复杂、投资大、开发建设周期长、参与方众多及对社会、生态环境影响大等特点，需要全面控制安全、质量、进度、投资及生态环境。在日益激烈的市场竞争和全球化市场背景下，建立科学高效的管理体系有助于对水利水电工程进行系统、全面、现代化的决策与管理，也是提高工程开发建设效率、降低成本、提高安全性和耐久性的关键所在。水利水电工程的开发建设规律和各主体方需求与建筑工程极其相似，如果BIM在其中能够得以应用，必将使建设效率得到极大提高。目前，国内部分水利水电勘测设计单位、施工单位在BIM应用方面已进行了有益的探索，开展了诸如多专业三维协同设计、自动出图、设计性能分析、5D施工模拟、施工现场管理等应用，取得了较传统技术不可比拟的优势，值得借鉴和推广。

中国电建集团昆明勘测设计研究院有限公司（以下简称“昆明院”）自2005年接触BIM，便开始着手引入BIM理念，已在百余工程项目中应用BIM，得到了业主和业界的普遍好评。与此同时，昆明院结合在BIM应用方面的实践和经验，将BIM与互联网、物联网、云计算技术、3S等技术相融合，结合水利水电行业自身的特点，打造了具有自主知识产权的集成创新技术HydroBIM，并完成HydroBIM标准体系建设和一体化综合平台研发。《水利水电工程信息化BIM丛书》的编写团队是昆明院BIM应用的倡导者和实践者，丛书对HydroBIM进行了全面而详细的阐述。本丛书是以数字化、信息化技术给出了工程项目规划设计、工程建设、运行管理一体化完整解决方案的著作，对大土木工程亦有很好的借鉴价值。本丛书入选国家出版基金项目和“十三五”国家重点图书出版规划项目，体现了行业对其价值的肯定和认可。

现阶段BIM本身还不够完善，BIM的发展还在继续，需要通过实践不断改进。水利水电行业是一个复杂的行业，整体而言，BIM在水利水电工程方面的应用目前尚属于起步阶段。我相信，本丛书的出版对水利水电行业实施基于BIM的数字化、信息化战略将起到有力的推动作用，同时将推进与BIM有机结合的新型生产组织方式在水利水电企业中的成功运用，并将促进水利水电产业的健康和可持续发展。

清华大学教授，BIM专家

2020年7月

水利水电工程是重要的国民基础建设，现代水利工程除了具备灌溉、发电功能之外，还实现了防洪、城市供水、调水、渔业、旅游、航运、生态与环境等综合应用。水利行业发展的速度与质量，宏观上影响着国民经济与能源结构，微观上与人民生活质量息息相关。

改革开放以来，水利水电事业发展如火如荼，涌现了许许多多能源支柱性质的优秀水利水电枢纽工程，如糯扎渡、小湾、三峡等工程，成绩斐然。然而随着下游流域开发趋于饱和，后续的水电开发等水利工程将逐渐向西部上游流域推进。上游流域一般地理位置偏远，自然条件恶劣，地质条件复杂，基础设施相对落后，对外交通条件困难，工程勘察、施工难度大，这些原因都使得我国水利水电发展要进行技术革新以突破这些难题和阻碍。解决这个问题需要国家、行业、企业各方面一起努力。水利部已经发出号召，在水利领域内大力发展 BIM 技术，行业内各机构和企业纷纷响应。利用 BIM 技术可以整合产业链资源，实现全产业链的协同工作，促进行业信息化发展，已经在建筑行业产生了重大影响。对于同属工程建设领域的水利水电行业，BIM 技术发展起步相对较晚、发展缓慢，如何利用 BIM 技术将水利水电工程的设计建设水平推向又一个全新阶段，使水利水电工程的设计建设能够更加先进、更符合时代发展的要求，是水利人一直以来所要研究的课题。

中国电建集团昆明勘测设计研究院有限公司（以下简称“昆明院”）于 1957 年正式成立，至今已有 60 多年的发展历史，是世界 500 强中国电力建设集团有限公司的成员企业。昆明院自 2005 年开始三维设计及 BIM 技术的应用探索，在秉承“解放思想、坚定不移、不惜代价、全面推进”的指导方针和“面向工程、全员参与”的设计理念下，开展 BIM

正向设计及信息技术与工程建设深度融合研究及实践，在此基础上凝练提出了 HydroBIM，作为水利水电工程规划设计、工程建设、运行管理一体化、信息化的最佳解决方案。HydroBIM 即水利水电工程建筑信息模型，是学习借鉴建筑业 BIM 和制造业 PLM 理念和技术，引入“工业4.0”和“互联网+”概念和技术，发展起来的一种多维（3D、4D-进度/寿命、5D-投资、6D-质量、7D-安全、8D-环境、9D-成本/效益……）信息模型大数据、全流程、智能化管理技术，是以信息驱动为核心的现代工程建设管理的发展方向，是实现工程建设精细化管理的重要手段。2015 年，昆明院 HydroBIM® 商标正式获得由原国家工商行政管理总局商标局颁发的商标注册证书。HydroBIM 与公司主业关系最贴切，具有高技术特征，易于全球流行和识别。

经过十多年的研发与工程应用，昆明院已经建立了完整的 HydroBIM 理论基础和技术体系，编制了 HydroBIM 技术标准体系及系列技术规程，研发形成了“综合平台+子平台+专业系统”的 HydroBIM 集群平台，实现了规划设计、工程建设、运行管理三大阶段的工程全生命周期 BIM 应用，并成功应用于能源、水利、水务、城建、市政、交通、环保、移民等多个业务领域，极大地支撑了传统业务和多元化业务的技术创新与市场开拓，成为企业转型升级的利器。HydroBIM 应用成果多次荣获国际、国内顶级 BIM 应用大赛的重要奖项，昆明院被全球最大 BIM 软件商 Autodesk Inc. 誉为基础设施行业 BIM 技术研发与应用的标杆企业。

昆明院 HydroBIM 团队完成了《水利水电工程信息化 BIM 丛书》的策划和编写。在十多年的 BIM 研究及实践中，工程师们秉承“正向设计”理念，坚持信息技术与工程建设深度融合之路，在信息化基础之上整合增值服务，为客户提供多维度数据服务、创造更大价值，他们自身也得到了极大的提升，丛书就是他们十多年运用 BIM 等先进信息技术正向设计的精华大成，是十多年来三维设计及 BIM 技术研究与应用创新的系统总结，既可为水利水电行业管理人员和技术人员提供借鉴，也可作为高等院校相关专业师生的参考用书。

丛书包括《HydroBIM-数字化设计应用》《HydroBIM-3S 技术集成应用》《HydroBIM-三维地质系统研发及应用》《HydroBIM-BIM/CAE 集成设计技术》《HydroBIM-乏信息综合勘察设计》《HydroBIM-

厂房数字化设计》《HydroBIM-升船机数字化设计》《HydroBIM-闸门数字化设计》《HydroBIM-EPC总承包项目管理》等。2018年，丛书入选“十三五”国家重点图书出版规划项目。2021年，丛书入选2021年度国家出版基金项目。丛书有着开放的专业体系，随着信息化技术的不断发展和BIM应用的不断深化，丛书将根据BIM技术在水利水电工程领域的应用发展持续扩充。

丛书的出版得到了中国水电工程顾问集团公司科技项目“高土石坝工程全生命周期管理系统开发研究”（GW-KJ-2012-29-01）及中国电力建设集团有限公司科技项目“水利水电项目机电工程EPC管理智能平台”（DJ-ZDXM-2014-23）和“水电工程规划设计、工程建设、运行管理一体化平台研究”（DJ-ZDXM-2015-25）的资助，在此表示感谢。同时，感谢国家出版基金规划管理办公室对本丛书出版的资助；感谢马洪琪院士为丛书题词，感谢钟登华院士、陈祖煜院士、刘志明副院长、马智亮教授为本丛书作序；感谢丛书编写团队所有成员的辛勤劳动；感谢欧特克软件（中国）有限公司大中华区技术总监李和良先生和中国区工程建设行业技术总监罗海涛先生等专家对丛书编写的支持和帮助；感谢中国水利水电出版社为丛书出版所做的大量卓有成效的工作。

信息技术与工程深度融合是水利水电工程建设发展的重要方向。BIM技术作为工程建设信息化的核心，是一项不断发展的新技术，限于理解深度和工程实践，丛书中难免有疏漏之处，敬请各位读者批评指正。

丛书编委会

2021年2月

勘察设计是工程建设的重要环节。勘察设计的质量好坏不但影响建设工程的投资效益和质量安全，而且其技术水平和指导思想对工程建设的后续发展也会产生重大影响。以水利水电工程为例，勘察设计分为项目建议书阶段（水利项目）、预可行性研究阶段（水电项目）、可行性研究阶段（水电与水利项目）、初步设计阶段（水利项目）、施工详图设计阶段（水电工程）等阶段。每个勘察阶段都有其目的，预可行性研究阶段和可行性研究阶段确定工程的可行性；初步设计阶段对地质水文等情况进行大致勘测；最后的施工详图设计阶段通过原位实验、土工实验，确定地基承载力，勘测各地层的物理力学特性，进而采取合适的基础形式和施工方法。对于水利水电工程而言，无论是河川枢纽工程还是长距离引调水工程，其工程勘察大多需要在复杂的环境、地质情况下进行。然而，在我国西部高原山区以及东南亚、非洲和南美洲等地区，水利水电工程前期勘察设计受多种因素和条件限制，通常会遭遇信息资料缺乏、传统勘察手段难以开展等难题。在此背景下，乏信息综合勘察设计技术应运而生。

本书通过开展乏信息条件下的基础数据采集和处理方法研究，将GIS数据、CAE分析与BIM模型相融合，提出水利水电工程乏信息综合勘察数据集成与三维设计工作方法和流程，形成以多专业BIM协同工作为手段的乏信息综合勘察设计技术体系，并研发出乏信息综合勘察设计平台，实现了乏信息条件下的水利水电工程勘察与设计。

全书共7章。第1章介绍乏信息综合勘察设计技术的概念，总结了当前工程勘察设计技术的研究及应用现状，阐述了乏信息条件下工程勘察设计技术的研究价值及必要性。第2章介绍在乏信息条件下，地形地貌、地震地质、水文气象、社会经济等基础数据的采集及处理方法。第3章秉承三维设计理念，以乏信息综合勘察设计技术为基础，将BIM设计贯彻于工程勘察与设计两个阶段，实现多参建方、多专业协同，以及各阶段信息增值。在乏信息综合勘察设计技术的工程数据集成与三维设计流程的基础上，以水电站枢纽、机电、生态、水库四大工程为例阐述了乏信息集成应用工作流程。第4章提出了乏信息综合勘察设计平台架构，阐述了HydroBIM乏信息综合勘察设计平台开发。第5章、第6章分别以红石岩堰塞湖应急处置与开发利用、印度尼西亚Kluet 1水电站勘察设计工程项目为例，阐述了乏信息综合勘察技术的应用情况与应用效果。第7章总结了本书的主要工作，对研究过程中存在的不足进行了探讨，并指出后续研究方向。

本书在编写过程中得到了中国电建集团昆明勘测设计研究院有限公司各级领导和同事的大力支持和帮助，得到了天津大学建筑工程学院水利水电工程系的鼎力支持。中国水利水电出版社也为本书的出版付出诸多辛劳。在此一并表示衷心感谢！

限于作者水平，谬误和不足之处在所难免，恳请批评指正。

作者

2023年12月

BIM
目录

第 1 章

绪　论

1.1　乏信息综合勘察设计技术简介

乏信息是指工程缺乏信息或者缺乏途径、手段去获取和利用现场信息。具体到勘察设计方面，特指缺乏水文、气象、地形、地质等需要现场实测与综合勘察才能获得的基础数据与资料，以及需要现场调查才能获得的居民、设施、土地、价格等基础数据。

乏信息或信息资料不足的情况在工程勘察设计中一直存在。传统水利水电工程勘察技术仍存在各种勘察手段组合、优化配置程度相对较低等问题，主要体现在勘察过程中各专业之间缺乏高效沟通，导致各专业勘察成果互补性不佳、勘察工作重复或遗漏、勘察信息集成度和提炼度不高。这不仅可能会拖延勘察周期、增加勘察成本，还可能会使工程地质勘察精度和质量无法满足设计和施工需求。

乏信息综合勘察设计技术是指在乏信息条件下，利用互联网、卫星等取得各专业基础数据，并利用专业软件对基础数据进行处理、转化，快速、高效、低成本地完成工程前期勘察设计工作的方法和技术。乏信息综合勘察设计技术可应用于工程前期基础资料缺乏的国内外工程规划与预可行性研究阶段（水电项目）、可行性研究阶段（水电与水利项目）的勘察设计工作，完成项目评估报告、项目建议书及（预）可行性研究报告。该技术可为工程前期勘察设计提供强有力的技术支撑，解决传统勘察设计技术不可达、无力解决的问题，提高生产效率与产品质量，降低生产成本，有效控制经营风险，规避政治、战争等风险。

1.2　乏信息综合勘察设计技术应用现状

近年来，全球导航卫星系统、航空航天遥感、地理信息系统和互联网等现代信息技术迅猛发展，诞生了“地球空间信息科学”，这使得人们能够快速、及时和连续不断地获得地球表层及其环境的大量几何与物理信息。空间信息科学可为工程地质勘察提供全新的观测手段、描述语言和思维工具，是当今较为热门的技术领域。林森（2018）将GIS应用到公路工程设计中，用于方案比选和踏勘路线设计，有效提升了现场踏勘效率；杨力龙（2017）将GIS应用到铁路数字化选线设计系统中，实现三维虚拟场景浏览，在多个生产项目中推广验证；聂良涛（2016）将GIS应用到铁路数字化选线设计系统中，实现三维虚拟场景浏览，在多个生产项目中推广验证。唐超等（2021）将GIS应用到轨道交通岩土工程勘察数据采集系统，实现野外原始数据无纸化采集、成果资料信息化展示，形成勘察工程数据一体化、智能化管理的智慧勘察生态圈。随着无人机技术的发展，其在工程勘察设计中的应用越来越广泛，石国琦（2017）将无人机倾斜摄影技术应用于道路地形测绘，获取拟建项目的地形三维实景，可直观了解到当时区域的状态、所需占地面积大小、房屋需拆迁情况，预算出占地所需花费金额等；徐岗等（2019）基于无人机摄影技术将摄影图像和三维点云坐标合成实测区域三维网格模型，实现对坡体大范围的宏观调查研究，弥补了传统调查方法对高陡危岩体所处地形条件信息难以掌握的欠缺。张志涛（2018）采用激光雷达扫描技术和无人机倾斜摄影技术来获取高精度地面点云数据，再使之生成高精度数字地面模型和数字地形图，进行道路路线的勘察设计，有效提高道路路线设计的精度、效率和质量水平。

乏信息综合勘察设计技术的提法为中国电建集团昆明勘测设计研究院有限公司（以下简称“昆明院”）首创，国内相关文献较少。袁毅峰等（2016）通过某隧洞工程BIM设计实例，介绍了在缺乏勘察、勘探资料条件下依赖其他渠道获取地质信息，实现数字化建模流程，并以某隧洞段为例阐述了基于BIM的围岩地质分类及地质情况分析等综合应用，为工程地质专业在隧洞项目初期的BIM设计提供了参考。吴学雷（2017）提出了实测资料缺乏条件下的勘察设计应用方法和流程，实现了低精度数据的有效挖掘和基本修正及应用，并结合BIM技术优势实现了项目前期基本方案的快速三维信息化设计与投资概算，为项目前期规划、招投标设计等提供有力的技术支撑和数据支持，节约大量人力、资金及时间成本。闻平等（2015）以牛栏江红石岩堰塞湖的整治工作为主线，从数据采集、数据处理、数据集成、数据应用等方面，阐述在应急抢险、灾害评估、后期治理等各阶段中3S技术所发挥的重大作用，为堰塞湖的治理提供了有力的技术支撑。彭森良等（2017）以印度尼西亚拉朗河流域规划为例，详细阐述了国外水电规划地质勘察工作的创新思路，从资料收集、数据库搭建，到遥感解译及局部现场验证，最终形成翔实的地质报告，为水电规划阶段规避重大工程地质问题提供依据。

随着数据挖掘、物联网、3S 技术和 BIM 技术的不断发展，这些新技术在多个行业得到普遍应用；同时在行业内整体结构调整的大背景下，勘察设计行业对技术进步的重视与投入程度不断增加。将数据挖掘与 BIM 相结合，可以加强信息协作，支持分布式管理模式，扩展工程数据来源，挖掘海量数据中蕴藏的价值，支持智慧型决策，为工程勘察设计提供服务。

1.3 乏信息综合勘察设计技术的价值

我国水电工程重点逐渐转向金沙江、澜沧江上游，以及雅鲁藏布江流域所在的高海拔山区，而国外水电市场主要集中在东南亚、非洲、南美洲等地区。国内边远地区往往地形地貌复杂，经济文化相对落后，基础信息资料缺乏，不少地段山高坡陡，人工难以到达，加之区域民族众多、社会环境复杂，在这些地区进行水电工程建设，其勘察、设计、施工十分困难。而国外水电项目更具特殊性，受政治、经济、语言等因素影响，野外工作局限大，不可预见干扰因素多。因此，在这些地区进行水电工程建设，传统的勘察设计手段和方法显然不能适应新的形势，而且随着市场经济的发展，竞争日趋激烈，若不能有效降低成本、提高设计效率和质量，将很难获得竞争优势。

综上所述，研究创新工作方法，开拓实测资料和基础信息缺乏条件下水电工程的前期勘察设计的方法和手段，是当前新形势条件下的迫切需要。而充分发挥互联网技术、3S 技术、BIM 技术的优势，结合适当的实地信息资料收集，对工程所处的地理环境、基础设施、自然资源、人文景观、人口分布、社会和经济状况、地质条件、勘察资料等各种信息进行数字化采集与分析处理，不仅可以降低水电工程前期勘察设计成本，还可以提高水电工程勘察设计的质量与效率。同时，也可促进水电工程开发建设的信息化和国际化，为国内外水电市场的开拓提供有力的支持。

乏信息综合勘察设计技术是大数据技术在基础设施行业的具体应用，它拓宽了传统勘察设计的应用领域和适用范围。该技术虽然源于水电工程，但可广泛用于基础设施行业，具有很强的普适性。该技术可应用于前期基础资料缺乏的国内外基础设施工程规划设计，完成项目评估报告、项目建议书及（预）可行性研究报告，可完成基础设施工程投资收益评价。

1.4 乏信息综合勘察设计技术与新基建

当前，新一轮科技革命和产业变革深入发展，全球数字化转型的大潮流势不可挡，信息化处于更加突出的战略位置。党的十九届五中全会进一步强调要加快数字化发展，推动传统产业高端化、智能化、绿色化，推动数字经济和实体经济深度融合。在《中华人民共和国国民经济和社会发展第十四个五年规划和2035年远景目标纲要》中，更是专门编制了“加快数字化发展　建设数字中国”专篇，强调打造数字经济新优势、加强关键数字技术创新应用、加快推进数字产业化、推进产业数字化转型、建设智慧城市、营造良好数字生态等。数字应用场景和数字生态，对工程勘察设计行业信息化、数字化建设提出了更高的要求。推进工程勘察设计行业加速迈向全面互联、跨界融合、集成创新，充分发挥信息化的引领和支撑作用，促进工程勘察设计行业数字化转型发展，创新工程服务模式，积极践行产业数字化和数字产业化，是“十四五”期间的核心任务之一。

工程勘察设计行业经过十余年的高速增长之后，进入市场环境的深刻变革期，正在从高速增长阶段向高质量发展阶段转变。以5G、特高压、城际高速铁路和城际轨道交通、大数据中心、人工智能、工业互联网等为代表的新型基础设施建设，给工程勘察设计行业带来新的契机。智慧城市、智慧交通、智能建造等“新基建”的发展会进一步加速万物互联，带来新的场景创新，促进工程建设的全生命周期和全产业链的协同发展。

以云计算、大数据、物联网、人工智能等为代表的新一代信息技术的引入以及与勘察设计业务的跨界融合将提高行业信息化应用水平，并在智能建造、智慧城市、绿色建筑等行业转型升级中发挥重要作用。立足新发展阶段、贯彻新发展理念、构建新发展格局，是新时代对工程勘察设计行业提出的新要求。如何把握信息化和数字化的发展机遇、推进数字化转型，是值得行业和企业思考和探索的课题。基础设施工程项目一般规模较大，其勘察设计工作涉及专业门类多，勘察设计阶段需要数个到数十个专业领域的技术人员协同工作，因此，基于互联网的异地协同分析工作模式对于大型工程建设的勘察设计和全面分析而言极为重要。乏信息综合勘察设计技术可以说是一场在勘察设计领域内的技术革命，该技术对基础设施建设的技术进步与转型升级将产生不可估量的影响，也必将给行业内相关企业的发展带来巨大动力，为国家的经济建设和战略目标奠定巨大而厚实的基础。

第 2 章

乏信息基础数据采集和处理方法

2.1 概述

水利水电工程对当地社会、经济、环境等具有重大的影响。为了权衡利弊、趋利避害，其勘察设计的考虑因素和所需的资料也较多，主要包括地形地貌、地震地质、水文气象、交通、供水、供电、通信、生产企业及物资供应、人文地理、社会经济、自然条件等，且需要对相关资料进行综合性分析与考虑。乏信息基础数据采集和处理体系架构如图 2.1-1 所示。

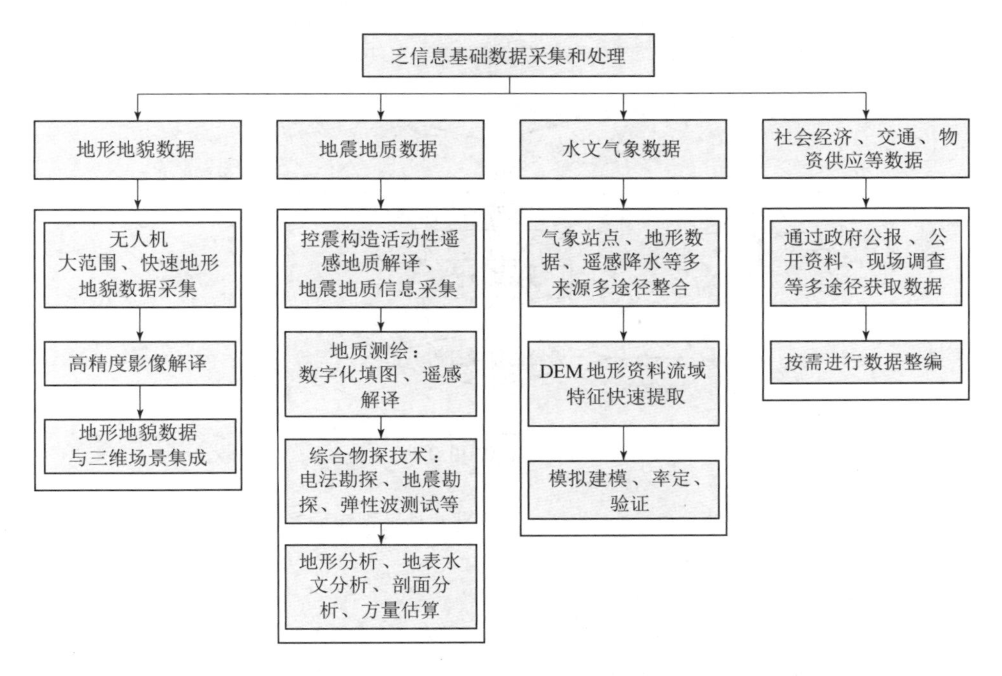

图 2.1-1 乏信息基础数据采集和处理体系架构图

乏信息基础数据主要包括地形地貌数据，地震地质数据，水文气象数据，以及社会经济、交通、物资供应等数据。通过对基础数据的采集，以项目应用阶段与需求为中心，对不同的数据进行分析，在充分满足项目需求的同时减少数据冗余，充分发挥3S集成技术、计算机技术、三维建模与可视化技术等的优势，应用专业软件等手段对收集的数据进行处理、转化、建模与可视化，并能够快速、高效率、低成本地完成工程前期勘察设计工作任务。

2.2 地形地貌基础数据采集和处理方法

地形地貌基础数据可通过项目业主、互联网、国内外测绘相关机构、数据提供商等途径收集，或者按需购买高清卫星影像、数字高程模型、区域地质资料等数据，地形地貌基础数据获取流程如图2.2-1所示。在实测资料缺乏条件下，充分发挥工程勘察设计技术的优势，收集与整理基础资料，可为工程项目全面采用数字化设计提供前期数据支撑。

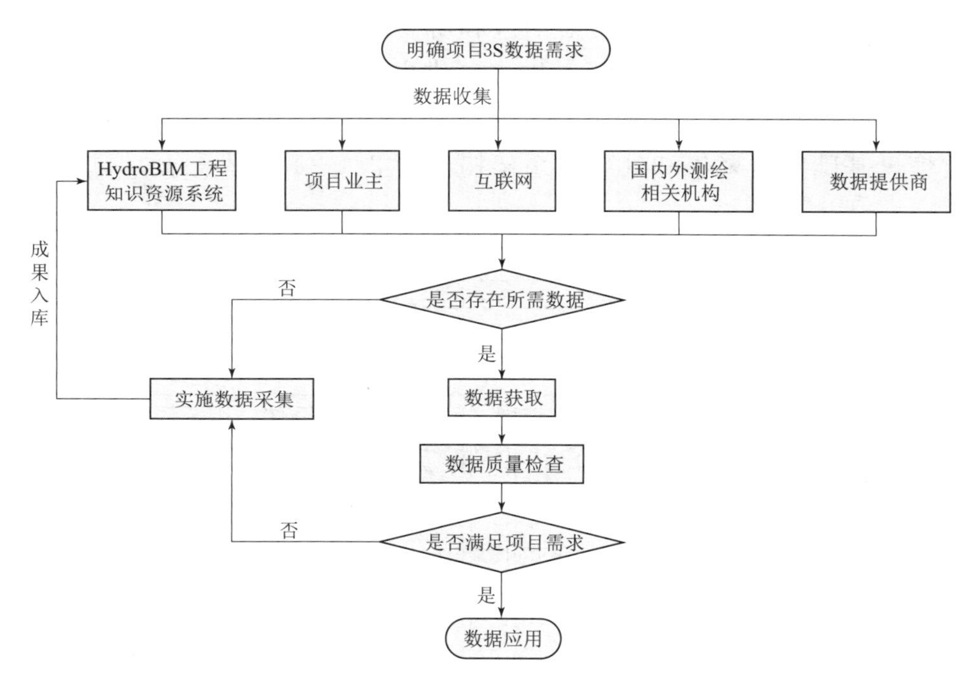

图2.2-1 地形地貌基础数据获取流程图

2.2.1 技术发展现状分析

在工程建筑施工或相关建筑设计之前，对场地进行实际测量是保障后续工作顺利进行的基本前提。目前，在施工或设计之前对实地的地形测绘包括小平面测绘、大平面测绘和航测测绘。在工程测量中常用的且精准度有保障的测量方法是协调运用各类平板测量仪器，在对实际测量数据制图后，根据具体的行业需求进行发布。当前使用的测绘方法虽然原理相对简单，但实际操作程序较为复杂，其结果与工程设计和施工的数字化需求存在一定的差距。

与传统的测量手段相比，数字化测绘技术最突出的优势在于其高度的自动化，这得益于计算机技术的飞速发展。在工程测绘中，应用数字化测绘技术可自动进行信息识别、符号选择、数据运算等一系列的操作，既降低了人为失误率，又充分保证了最终所得到图形的规范化和精确化程度，提高了工程测绘的效率。

2.2.1.1 工程中常用的测绘新技术

（1）数字化绘图技术。数字化绘图是指使用广义的计算机通过数字技术以数字数据形式创建电子地图，通常将地形的数字数据输入作为地图的基础。地理编码技术可用于为地名提供地理坐标。测绘新技术中对于数字化绘图技术的应用也较为广泛，数字化绘图的精准性和实用性使其迅速替代了传统的测绘技术。数字化绘图与传统的测绘相比，最为明显的优势就是用时少，在减小测绘周期的同时推动了测绘新技术的推广和应用。

（2）全球导航卫星系统（Global Navigation Satellite System，GNSS）测绘技术。GNSS 测量通过接收卫星发射的信号并进行数据处理，从而求得测量点的空间位置，具有全能性、全球性、全天候、连续性和实时性的精密三维导航与定位功能，而且具有良好的抗干扰性和保密性。GNSS 技术应用于工程测量可以提高测量数据的精度，减少测量数据的误差，而且与传统的人工实地测量相比，空间地域对其的限制程度较低，对于从根源上提升工程质量有积极作用。

（3）摄影测量技术。在建筑密集的区域进行建筑施工时，周围的建筑对 GNSS 等测量技术有较大的干扰，摄影测量在此类工程测量中因为具有较高的精准度而被广泛应用。在摄影测量过程中，工作人员的操作对后期的数据有直接影响，因此在摄影测绘过程中要遵守相关规范，以此作为摄影测量整体效果的基础保障。

（4）地理信息系统（Geographic Information System 或 Geo-Information System，GIS）测绘技术。GIS 技术作为一种新兴技术，包含环境科学、计算机科学、信息科学等多学科，可以对空间信息进行分析和处理。GIS 技术将地图独特的视觉化效果和地理分析功能与常规的数据库操作（如查询和统计分析等）集成在一起，对测绘数据库的建立具有重要的辅助作用。它不仅能保证数据库数据的准确性，还显著提升了工程测量最终的测绘质量。

（5）遥感（Remote Sensing，RS）测绘技术。遥感测绘技术作为近年来被广泛应用的测绘新技术，在实际使用过程中能够有效扩大测量范围。除此之外，在实际地理信息的获取过程中，遥感测绘技术还可以通过充分发挥卫星观测的功能来获取精度更高的数据，是后期工程中基础数据的主要来源之一。在拥有同类技术的前提下，遥感技术被广泛使用的主要原因是其获取的数据具有一定的时效性，可以用于绘制不同比例的地形图。

2.2.1.2 测绘新技术的不足

测绘新技术的发展为勘察设计行业提供了便利，但在地表地形数据应用中仍存在着种种不足，主要表现在以下几点：

（1）测绘成果资料未有效利用。虽然测绘技术不断进步，但是各类数据的高效利用目标还未达到，各类基础设施工程建设过程中所需要的测绘数据往往需要重复采集与处理。例如同一片区域内有各种基本比例尺的地形图，大部分测绘任务直接服务于项目内容，项目完成后，作业过程中形成的各类数据资料也就失去了利用价值。项目所形成的各类测绘成果没有被有效利用。

（2）测绘成果产品不丰富。标准测绘成果一般由测绘行政主管部门负责维护管理，而在实际工作的开展过程中，不同项目的实际需求可能存在较大的差异，利用标准化的成果产品难以满足基础工程项目建设需求。测绘成果的产品体系亟待完善。

（3）传统作业方式亟待转型。测绘是一门具有较强实践性的科学，在传统作业过程中，各类测绘任务的开展必须在工程现场进行。随着基础设施工程建设规模不断扩大及工程区域逐渐拓展，传统作业的方式受到越来越多的挑战，如受战争、疾病、政治因素影响下的国外工程区域，国内某些偏远区域等，现场开展测绘作业可能面临巨大的成本和风险。

由于种种条件的限制，部分测绘资料不能得到有效利用，无法满足市场环境下基础设施工程项目建设过程中的各类数据需求，亟待采用更为高效合理的方式对传统作业方式进行升级。

2.2.2 地形地貌资料采集

网络上免费或廉价地形数据网站很多，从这些网站中可获取多种精度、多种比例尺的高程数据或地形数据，常用的地形数据网站见表 2.2-1。利用这些网站基本能获取全球范围内（包括不易到达区域）较高精度的地形数据、影像数据、矢量数据等 GIS 数据。如果通过免费方式无法下载或精度、范围无法满足要求，可以补充购买商业数据。数字高程模型（Digital Elevation Model，DEM）格网分辨率跟地形图比例尺之间没有严格意义上的关系，其大致关系见表 2.2-2。

表 2.2-1　　常用的地形数据网站

数据	精度	范围	网　站	说　明
GDEM	30m	全球	ASTER 高程模型网	ASTER 卫星影像
SRTM	90m (3″)	全球	空间信息联盟网	航天飞机干涉雷达成像
ETOPO1	1′	全球	美国国家地球物理数据中心网	陆地和海洋水深
GMRT	100m	全球	海洋地球科学数据系统网	陆地和海底地形
OpenTopography	多精度	分散	OpenTopography 官网	点云和地形
GeoSpatial	多精度	全球	GeoSpatial 官网	地形、影像
国际科学数据服务平台	30m	全球	国际科学数据服务平台	中国科学院计算机信息中心（可获取 30m GDEM）

表 2.2-2　　DEM 格网分辨率与地形图比例尺换算表

比例尺	1∶500	1∶1000	1∶2000	1∶5000	1∶1 万	1∶2.5 万	1∶5 万
DEM 分辨率/m	0.5	1	2	2.5	5	10	25

在项目建议书阶段，资料采集可根据数据范围大小以及精度要求选择不同方式。项目规划方案主要采用 30m 精度的基础 DEM 地形数据，通过国际科学数据服务平台、美国的 CGIAR 空间信息联盟（the CGIAR Consortium Spatial Information，CGIAR-CSI）平台等获取，并通过地理信息 GIS 处理软件进行修正和加密处理，生成可供编辑和计算的矢量化数据，如图 2.2-2 所示。

2.2.3　高精度影像解译

在各类基础设施工程的勘察设计过程中，航空影像作为重要的基础数据，能直观地反映现场情况，影像的真实性与及时性对于对勘察设计成果的合理有效性具有重要意义。传统的无人机航摄系统在采集数据的过程中需要根据现场情况，充分调研之后才能确定航线、进行飞行作业。该方式耗时较长，不能满足乏信息条件下快速数据采集的需求。通过研究无人机影像自动处理方法，在对各类基础设施工程区域采集影像之后，可以快速对航片（航空照片）进行处理，最终快速获取高质量正射影像图。

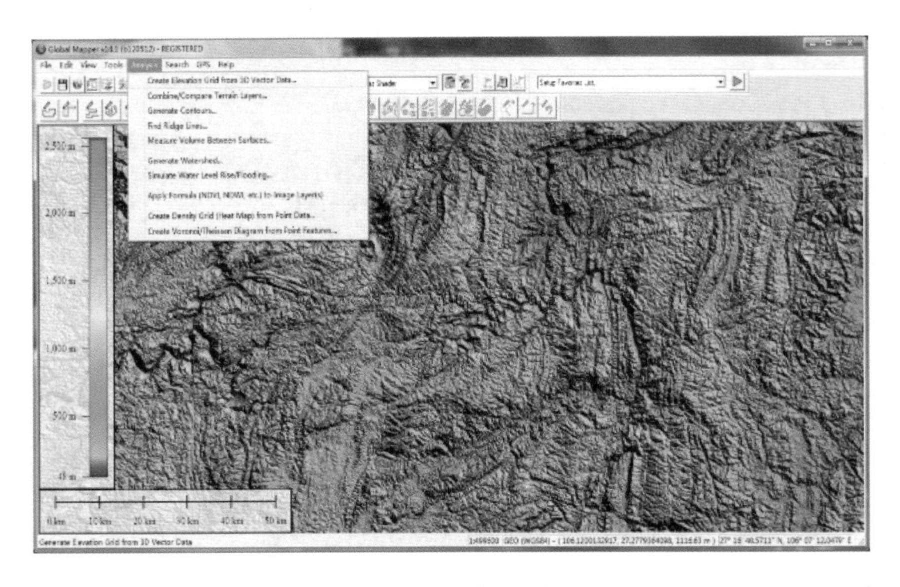

图 2.2-2　基础地形数据的分析与整理示例界面

高精度遥感技术通常理解为在特定飞行器上安装接收装置，收集地面各种地物地貌的电磁辐射信息，利用专业解译知识判断地质环境特征的一门技术。在基础设施工程的勘察设计建设过程中，卫星可及时捕捉灾害现场航空影像。研究如何利用现有的卫星，快速、低成本地获取基础设施工程区域影像，是本节的关键内容。该工作一般是由数据处理人员通过目视识别的方法提取各类地物、地类信息，耗时长、效率低，不能满足快速响应的需要。通过研究各类地物的自动解译功能，在获取影像数据后，可自动解译范围内地表地物及地类信息并进行提取，最终成图，为勘察设计工作提供支撑。

相比较传统的外业采集点制作地形图方式提取的地形地貌特征，无人机成果包含的信息量大、空间精度高，可直接利用其 DEM、数字正射影像图（Digital Orthophoto Map，DOM）数据替代地形图数据进行分析计算。本书研究基于无人机航摄技术的土地利用类型、水系等成果的自动解译与分类统计，坡度、坡向、剖面分析，进场道路运输分析，以及河流汇水线分析等地学分析技术，提高无人机成果的深加工处理水平。

2.2.3.1　自动解译与分类统计

高分辨率航摄影像数据包含光谱、形状、纹理等大量可提取特征，其中光谱特征指不同地物间各波段的光谱标准差等信息，形状特征指对象的各种边界条件，纹理特征指对象的灰度分布特性。影像自动解译是通过对高分辨率影像进行处理，利用其光谱、形状、纹理等特征，辅以坡度、坡向、DEM 数据信息等参考数据，并设置相应的特征提取规则，对土地利用类型、植被覆盖程度、工程建筑物结构、水文水系等进行分类。在勘察设计阶段主要采用面向对象的土地利用类型、水系分类的提取方法，结合工程特征以及具体情况，将地物类型分为建筑物、水体、交通道路、植被、耕地等；在工程竣工以及运行维护阶段主要对工程建筑物进行分类提取，并通过卷积神经网络进行图像识别，对分类出来的建筑物进行表面裂缝的提取。

（1）影像分割。首先对数字正射影像进行多尺度影像分割，根据地物要素特征设置阈值，判断对象间的异质性并判断是否进行合并，以获取同质对象。

（2）影像分类。将分割完成的影像进行分类，建立解译规则集，设置必要的分类特征，区别不同的参数阈值。为了更好地区分植被与水体，可通过近红外和绿色波段加权以增强植被信息。

2.2.3.2 自动解译精度评价

以影像自动解译成果为基准，采用基于对象的精度评价方法进行精度评价，得到混淆矩阵、总体精度和Kappa系数。

$$K=\frac{N\sum_{i=1}^{r}x_{ii}-\sum_{i=1}^{r}(x_{i+}+x_{+i})}{N^2-\sum_{i=1}^{r}(x_{i+}+x_{+i})} \tag{2.2-1}$$

式中：N为验证样本总数；r为混淆矩阵总列数；x_{i+}为第i行的总数；x_{+i}为第i列的总数。

2.2.3.3 解译结果校正

对自动解译成果进行进一步野外核查校正，自动解译整体流程如图2.2-3所示。采用虚拟现实（Virtual Reality，VR）技术代替传统的通过相机、GNSS、指南针等进行核查的方式，解决了在野外条件复杂、工作人员移动速度慢、交通条件不便等情况下，工作人员外业核查工作量明显加重的问题。无人机在研究区域布置一定数量控制点进行全景图拍摄，通过在导航图上选择坐标控制点查看当地全景图，实现对解译结果的核查校正。

VR技术的运用，充分利用了无人机数据成果，降低了野外成果核查校正的成本，极大提高了解译结果核查校正效率。

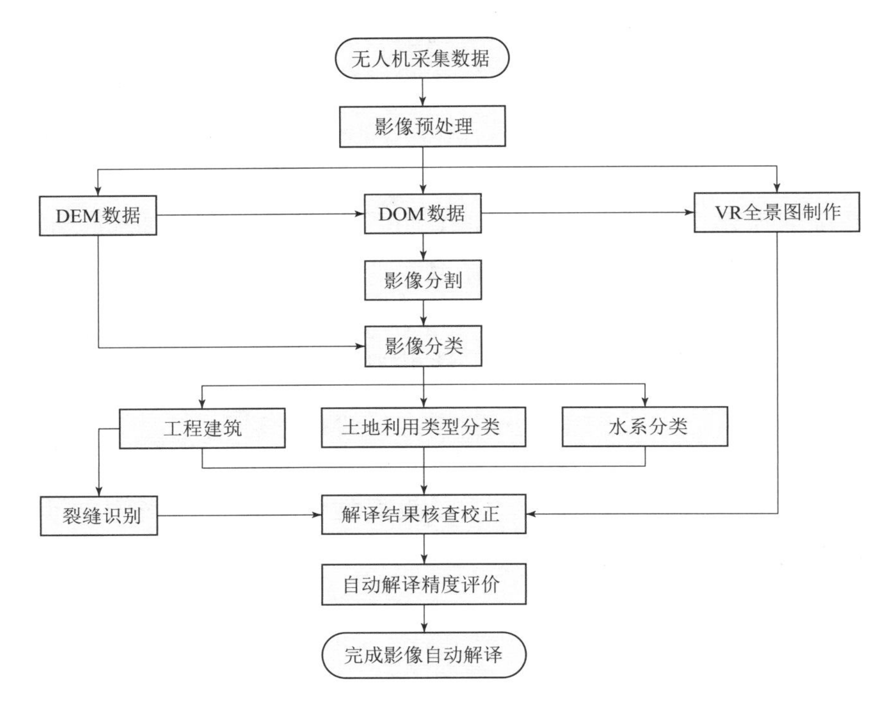

图 2.2-3 自动解译整体流程图

2.2.4 无人机航摄系统地形地貌指标快速采集处理技术

通过外业像片控制点布测，采用空三测量法，获取区域内影像的外方位元素和后期内业测量所需要的控制点坐标。之后进行影像的匹配与融合，根据影像重叠区域找出其相互之间的位置关系，并通过相应数学模型将影像变换到统一的坐标系下。影像匹配的方法有很多，根据匹配过程中利用影像信息的不同可以大致分为基于坐标信息的方法、基于灰度信息的方法、基于变换域的方法和基于特征信息匹配的方法，其中基于特征信息匹配的方法是无人机航空摄影测量中影像匹配最常用的方法，该方法与其他三种方法相比，在畸变、噪声和灰度变化等方面具有一定的抗变换性，并且拥有计算量小、效率高等优点。

通过对无人机获取到的地理信息进行自动解译，提取地物分类，结合高分辨率影像数据具有明显几何特征和纹理信息的优势，采用面向对象的遥感分类法进行地物识别，降低分类的不确定性，避免以像素为研究对象造成的分类结果碎片化和"椒盐"现象的产生。面向对象的分类法需对遥感影像数据进行分割处理，获取多个同质对象；再分析各个地物对象在光谱、形状、纹理等多种特征参量下的特异性，构建相应分类方法。同时利用无人机航摄影像生成 DEM 数据在 ArcGIS 平台上进行坡度坡向分析、剖面分析、进场道路运输以及河流汇水线分析。

低空无人机航摄系统具有机动灵活、高效快速、精细准确、作业成本低的特点，在乏信息地区快速获取高分辨率影像方面具有明显优势。但是，与常规摄影相比，无人机航摄系统拍摄区影像数量多、姿态稳定性较差，需要不断优化无人机数据采集、处理工作流程，数据采集过程中不断提高无人机航摄飞行的操控水平，数据处理中熟练掌握各种处理软件功能，提高数据处理的精度和批量处理效率。为了统一乏信息地区无人机作业流程，降低外业操作风险，保证内业数据质量，需要依据行业规范，针对乏信息地区区域的特殊环境，编写优化的无人机测图外业操作流程和内业数据处理方法。

利用无人机进行乏信息地区地形地貌图像数据采集与模型重构具有以下特点：①处于室外，采集像片时光线条件未知且无法人为控制；②表面的情况复杂，不具备规则纹理以及规则轮廓；③三维重构属于大范围大场景的重构。

基于以上特点，综合各种三维重构方法的优势及不足发现，运动恢复结构法（Structure From Motion，SFM）能够较好地满足各方面需求，最终选定使用该方法进行三维重构。

SFM 是通过图像集中的同名点来估计静止场景中运动相机的相对参数，并使用相机参数以及同名点间对极几何关系来恢复 3D 场景的一种方法。这个过程涉及 3D 几何（结构）和摄像机姿态（运动）的同时估计，因此称之为运动恢复结构，也可以称为运动法。其思想来源于人眼视觉的感知效应，当视角变化或者物体旋转造成影像变化时，人们能感知到物体是三维的，因此这种人眼视觉的感知效应又称为因运动而引起的深度效应（Kinect Depth Effect），其基本原理是从不同的视角观察现实空间中的点以获得场景的深度信息。SFM 与人眼视觉相似，只不过 SFM 所观察的点是多副图像中所匹配出的同名点，此外为获得精确的位置需要利用相机的投影矩阵来计算匹配点的三维坐标。SFM 三维重构的基本流程如图 2.2-4 所示。

（1）数据预处理。本书所指的数据预处理包含两方面内容：一是对拍摄照片的相机进行内部参数的标定；二是对拍摄的照片进行预处理。

（2）特征点匹配。寻找用于重建的图像集中的同名点，以用于后续的基础矩阵求解和三维坐标解算。

（3）稀疏重构。对匹配出的特征点进行三维坐标的解算，生成稀疏的点云数据。

（4）密集重构。需要利用稀疏重构的点云数据以及原始图像进行密集重构，以增大点云密度。密集重构一般采用美国华盛顿大学 Furukawa 研发的多视角聚簇技术（Cluster Multi-View Stereo，CMVS）和多面补片技术（Patch-based Multi-View Stereo，PMVS）来实现。

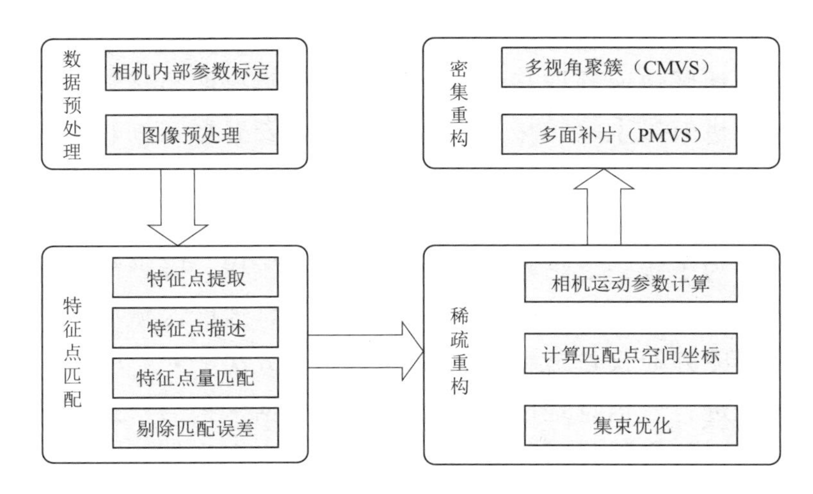

图 2.2-4 SFM 三维重构的基本流程

2.2.4.1 数据预处理

（1）相机内部参数标定。相机内部参数标定是光学非接触三维测量的基础，也是根据二维图像获取三维信息过程中的关键步骤之一。无论是在摄影测量还是计算机视觉中，相机的标定结果都将直接影响后续测量和计算结果的精度。

相机的内部参数 f/du 和 f/dv 分别代表焦距在 u 和 v 方向上的像素数，即相机在两个方向上的尺度因子，u_0 和 v_0 代表的是像主点在数字图像坐标系中的坐标；除了内部参数之外，相机在生产过程中不可避免地会发生加工和装配的误差，使得透镜往往不能满足物和像之间理想的线性关系，所以相机所拍摄出的图像实际上都会发生或多或少的畸变。相机标定就是确定相机的内部参数和畸变参数。

相机的标定方法总体上可分为两种：第一种是需要参照物的传统标定法；第二种是不需要参照物，只根据图像之间的对极几何关系推算出相机参数的自标定法。传统标定法所标定出的相机参数具有相当高的精度，但是不够灵活；自标定法精度较差，但是实用性较强。在实际应用中，如果所需的精度较高，而且相机参数不会发生变化时，优先选择传统的标定方法。本书采集图像的相机使用定焦镜头，符合上述情况。传统的相机标定法中最经典的方法莫过于张正友教授提出的张氏标定法。

张氏标定法已经作为工具箱或封装好的函数被广泛应用，并且具有很高的精度。张氏标定法所需要的标定物为棋盘格形状的平面标定板，如图 2.2-5（a）所示。精确的标定一般使用经过严密加工制作的工业标定板，但是工业标定板价格昂贵，因此实际应用中常将标定板打印出来并贴在具有平整表面的物体上。本书所使用的标定板如图 2.2－5（b）所示。

（a）平面标定板

（b）本书所使用的标定板

图 2.2－5 标定板

使用 OpenCV 对相机进行标定的过程可分为以下几个步骤：

步骤一：固定好相机的位置，使之朝向标定板，调整好相机的分辨率等参数使之与航摄时所使用的参数相同。

步骤二：用待标定的相机拍摄 10 幅以上不同视角下的棋盘图片。棋盘平面与成像平面之间的夹角控制在 45°以下，且棋盘的姿势与位置尽可能多样化，尽量不要出现互相平行的棋盘。

步骤三：使用 findChessboardCorners 函数寻找每幅图像上的角点，对成功找到所有角点的图像利用 cornerSubPix 函数对初步提取的角点进行亚像素精确化，图 2.2－6 所示为某标定图片中所检测出的角点。

图 2.2－6 某标定图片中所检测出的角点

步骤四：将提取到的角点信息代入 CalibrateCamera2 函数中进行相机的标定，该函数的第四个参数即输出的相机内参矩阵，第五个参数为相机的畸变参数，本书所使用相机最终的标定结果如下：

相机内参矩阵：$\begin{bmatrix} 4042.361 & 0 & 2873.885 \\ 0 & 4045.746 & 1904.382 \\ 0 & 0 & 1 \end{bmatrix}$

相机畸变参数：[－0.095385 0.078838 0.000597 －0.002009]

标定出内参矩阵和畸变参数之后即可使用 undistort 函数进行图像畸变校正。

（2）图像预处理。相机在采集照片时，拍摄时的相对运动以及光学系统失真等，难免会使照片受到噪声影响，为了保证后续特征点提取的准确性，需要对照片进行预处理。预处理的目的就是消除或减小噪声以及增强原图像特征，一般先进行图像平滑，再进行图像增强。

图像平滑又称图像滤波，目的是消除图像在拍摄和传输等过程中所产生的噪声。常用的滤波算法有方框滤波、均值滤波、中值滤波、高斯滤波、双边滤波等。在实际应用中可根据拍摄的照片选择具体的平滑算法，本书使用通用性较强的中值滤波进行图像平滑处理。

图像增强的目的是使图像进行适当的变化，突出其有用信息使之更加适合计算机处理的要求。图像增强可能是一个失真的过程，但是它能够增强图像特征，丰富图像信息，从而加强图像判读和识别效果。图像增强的内涵非常广，凡是能够改变原始图像结构使之获得更好应用效果的手段都可以被称为图像增强，用公式可表示为

$$g(u,v)=T[f(u,v)] \tag{2.2-2}$$

式中的 $f(u,v)$ 是增强前的图像，$g(u,v)$ 是增强之后的图像，T 是图像增强的算法，定义域在图像的像素坐标域内。常用的图像增强算法有直方图均匀化、对比度拉伸、Gamma 校正等。本书使用直方图均匀化算法进行图像增强。

在 OpenCV 中，中值滤波可使用 medianBlur 函数实现，直方图均匀化通过 equalizeHist 函数实现。

2.2.4.2 特征点匹配

1. 特征检测算子对比

特征点又称兴趣点（interest point）或者角点（corner point）。每种检测方法对特征点都有着不同的定义，常用的特征点检测算子有以下几种：

（1）Harris 算子：利用图像灰度来确定图像中的特征点的一种方法。Harris 算子所检测出的特征点一般灰度变化比较剧烈，例如背景较单调的孤点、曲率倒数为 0 的点以及直线的交点等。

（2）FAST 算子：同样是利用图像灰度来确定图像的特征点，若某点与其周围邻域内足够多的点灰度差较大，则该像素可能是角点。

（3）MSER 算子：MSER 的基本原理是对一幅灰度图像取阈值进行二值化处理，阈值在某范围内依次递增。在得到的所有二值图像中，某些连通区域

的变化很小，则该区域称为最大稳定极值区域，进而通过椭圆拟合和区域转换将 MSER 区域转换为关键点。

（4）SIFT 算子：SIFT 特征是图像的局部特征。在图像发生旋转、尺度缩放、亮度变化时，SIFT 特征的变化很小，在视角变化、仿射变换、噪声影响下也能保持一定程度的稳定。其基本原理是使用高斯卷积核来获得图像不同的尺度空间，在多尺度空间下寻找极值点。

除了上述四种主要的检测方法以外，还有基于各种方法组合或改进的其他特征检测算子，如 ORB、GFTT、SURF 等，为了比较各类特征点检测算子的适用性，本书使用 OpenCV 开发了特征点检测对比工具，其界面如图 2.2-7 所示。

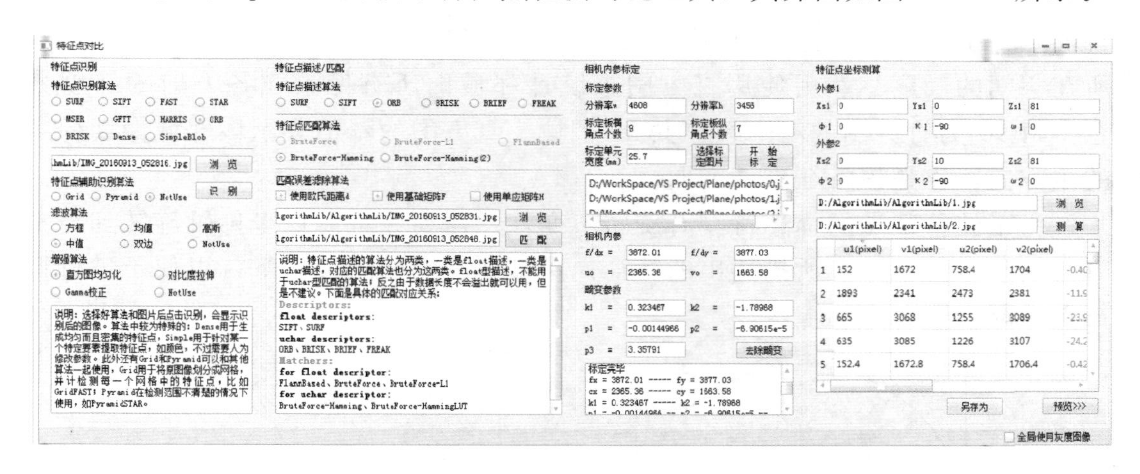

图 2.2-7 特征点检测对比工具界面

对边进行三维重构的目的是计算其表面位移和变形，首先要选取识别出的特征点足够多且分布较为均匀的算子以保证精度，因此 SURF 或者 SIFT 算子较为合适。使用无人机进行拍摄不可避免地会出现照片的尺度和旋转变化，且在拍摄过程中亮度不会发生太大变化，模糊度可以人为控制，因此本书最终选定 SIFT 算子进行特征检测。

2. SIFT 特征点提取

SIFT 算法是一种基于不变量技术的特征检测方法，它在不同的尺度空间上查找对图像旋转、平移、缩放甚至仿射变换保持不变性的图像局部特征。该特征提取算法由 David Lowe 在 2004 年正式提出，并逐渐成为应用最为广泛的特征提取算法。SIFT 的实现是基于图像不同尺度空间的，高斯卷积核是实现尺度变换的唯一线性核。SIFT 算法的第一步就是使用高斯卷积函数对图像进行尺度变换，从而获得该图像在不同尺度空间下的表达序列，为了在尺度空间中高效地探测出稳定的关键点位置，可以用尺度空间的高斯差分（Difference of Gaussian，DoG）方程形式与图像进行卷积来求取极值。

3. 特征点描述及匹配

特征点提取完毕之后首先需要利用图像的局部特征给每个点分配一个基准方向，以使得最终的特征点具备旋转不变性。设（x,y）为特征点某邻域内的像素，则其梯度模值 $m(x,y)$ 和方向 $e(x,y)$ 可以用下列公式计算：

$$m(x,y)=\sqrt{[L(x+1,y)-L(x-1,y)]^2+[L(x,y+1)-L(x,y-1)]^2} \tag{2.2-3}$$

$$\theta(x,y)=\arctan\left[\frac{L(x,y+1)-L(x,y-1)}{L(x+1,y)-L(x-1,y)}\right] \tag{2.2-4}$$

其中 L 中所使用的尺度即特征点所在空间的尺度。一般计算的范围是以特征点为中心的一个邻域窗口内的像素点，邻域窗口的大小取 3σ，σ 为特征点所在空间的尺度。然后使用直方图来统计邻域内所有像素在各方向的梯度分布，每 10°为直方图的一个柱，共 36 个柱。直方图的峰值表示该邻域像素梯度的主方向，也是该特征点的方向。

为了使特征点的描述符具有旋转不变性，需要先把图像坐标轴旋转到与主方向一致，使下一步所描述出的特征向量都在相同的坐标系下，以便于进行特征点匹配（图 2.2-8）。

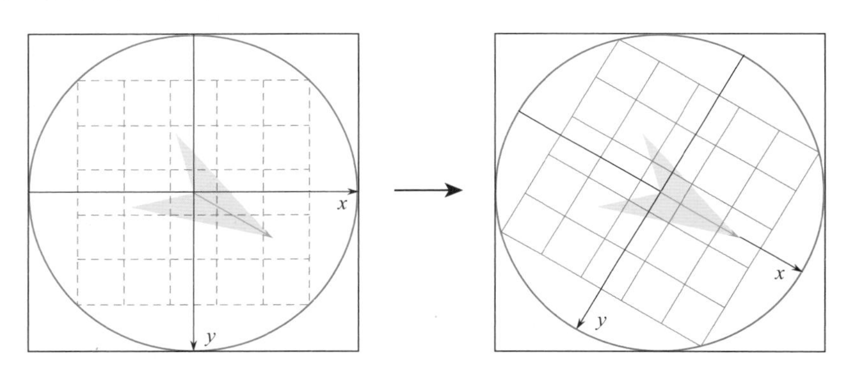

图 2.2-8 坐标轴旋转

以关键点为中心，选取一个 8×8 的像素窗口，如图 2.2-9（a）所示，中央点代表特征点，每个方格代表特征点邻域内的一个像素，箭头代表对应像素的梯度矢量，圆代表高斯加权范围，离特征点越近的像素点在梯度直方图中的权重越大。进而在四个角各取 4×4 的像素，以 45°为一个柱绘制 8 个方向的梯度直方图，并将 16 个像素点在 8 个方向的值累加，从而形成一个种子点，如图 2.2-9（b）所示，特征点的描述符由其四周的 4 个种子点组成，每个种子点包含 8 个向量，这种使用特征点邻域中的像素梯度生成的描述符具有很强的抗噪性。在实际应用中，为使描述符具有更强的唯一性，一般使用 4×4 共 16 个种子点进行描述，这样所生成的描述符是一个 128 维的特征向量。

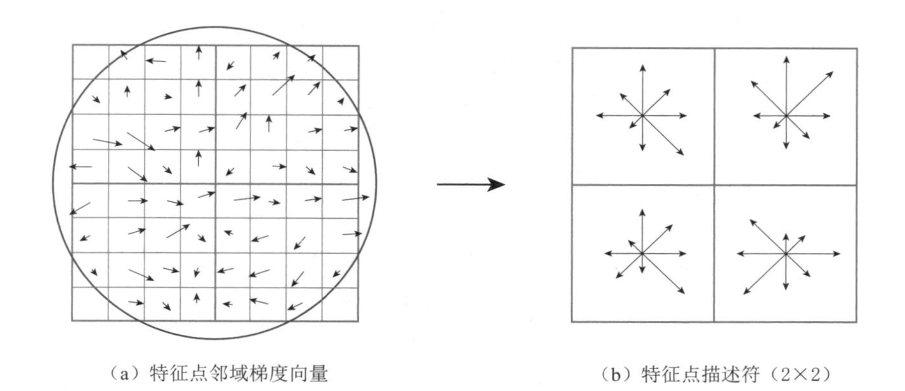
(a) 特征点邻域梯度向量　　(b) 特征点描述符 (2×2)

图 2.2-9 特征点描述符的生成

两幅图像之间的特征匹配是通过图像中特征点的描述符来进行的，SIFT 特征描述符可以看成一个 128 维的向量，对于两个向量的匹配最直接的方法就是计算两者之间的欧氏距离，进而通过设定一个阈值来滤除掉距离较大的匹配。SIFT 算法中为了提高匹配效率，采用 k-d 树结构来辅助匹配。

但是仅使用欧氏距离作为匹配的标准得到的结果并不精确，使用最邻近算法（Nearest Neighbor，NN）进行匹配，即用 k-d 树搜寻出最邻近点与次临近点，再设定三者间的距离比值作为匹配过滤条件。

4. 匹配误差剔除

鉴于图像色彩、线条的复杂性，初始匹配出的结果必然存在着很多匹配误差，特别是在图像中存在重复纹理或结构时误匹配现象会更明显，因此需要对初步的匹配结果进行误差剔除。为获得精确的匹配点，本书使用交叉过滤和基础矩阵两种方式进行误匹配的消除。

交叉过滤的思想很简单，如果第一幅图像的一个特征点和第二幅图像的一个特征点相匹配，则进行一个相反的检查，即将第二幅图像上的特征点与第一幅图像上相应特征点进行匹配，如果匹配成功，则认为这对匹配是正确的。对初步匹配的结果进行一次交叉过滤，剔除掉差别较大的误匹配点，接着对交叉过滤后的结果使用基础矩阵再进行一次误差滤除，使用基础矩阵可以过滤误匹配的原理主要依赖立体像对之间的极线约束关系。设 $d(m,l)$ 代表点 m 到直线 l 的距离，求得基础矩阵 $\boldsymbol{F}$ 之后，匹配点的对极距离为

$$d_i=d(m_i',\boldsymbol{F}m_i)+d(m_i',\boldsymbol{F}^{\mathrm{T}}m_i') \tag{2.2-5}$$

式中：m_i' 和 m_i 为匹配点；$\boldsymbol{F}m_i$ 和 $\boldsymbol{F}^{\mathrm{T}}m_i'$ 分别为两点所确定的对极线；d_i 为对极距离。

计算出所有匹配点的对极距离后，求其标准差 σ（注意此处不代表尺度因子）。根据拉依达准则，认为 99.74% 的对极距离应该分布在（$0,3\sigma$）的区间

内，超出该区间的匹配认为是误匹配并剔除。

通过交叉过滤和基础矩阵过滤可以剔除掉绝大多数的误匹配点，得到高质量的匹配点对集合，为下一步稀疏重构奠定基础。

2.2.4.3 稀疏重构

所谓稀疏重构就是使用上一步中所匹配出的特征点对，恢复该点在三维空间中的位置，其流程如图 2.2-10 所示。

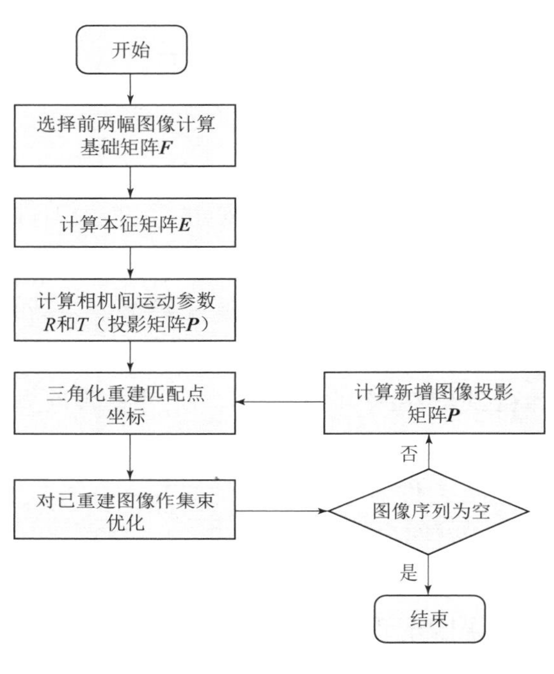

图 2.2-10 稀疏重构流程图

由图 2.2-10 可知，稀疏重构是一个增量式重建的过程，因此重构效果与加入照片的顺序有很大关系，一般在进行稀疏重建之前，最好对现有的图像资源进行排序或直接拍摄序列图像，以保证相邻图像之间的重叠度。本书使用无人机进行像片采集的方法是按照航线方向进行连续拍摄，保证相邻两张照片之间重叠度在 60% 以上，因此图像资源属于序列图像，不需要进行二次排序。

两幅图像的重构是多副图像重构的基础，因此本节将先阐述两幅图像间的重构方法，再将其扩展到多副图像。

2.2.4.4 密集重构

从理论上来说，完成稀疏重构后整个 SFM 的流程就结束了，但稀疏重构只对特征比较明显的规则物体有效，对于不规则物体则无法体现其细节特征，同时三维点数量过少也会使后续生成的模型误差过大，因此在稀疏重构完成之后，需要进行下一步的密集重构，用以增加点云密度，提高重构精度。根据前人研究成果，进行密集重构最典型的代表是 Furukawa 提出的 PMVS 算法，其无论在重构的完整性还是在精度指标上几乎都是所有算法中最高的。此外，PMVS 对纹理不丰富区域、含有较大的空洞区域、具有有限视点的室外场景，或者细长的及高曲率部分，都能够输出精确的物体以及场景模型，同时还具有比较好的表面细节。因此本书直接采用 PMVS 来进行密集重构，具体实现原理可参考相关文献，本书不做详细论述。

在进行密集重构前，需要用CMVS对图像进行聚簇分类。CMVS可以使用SFM的输出作为输入，然后将输入图像分解为一组可管理大小的图像簇，并去除原始图像资源中的冗余图像，减少密集匹配的时间和空间代价。进而使用PMVS开始密集重构，主要过程分为以下三步：

（1）区域匹配：从具有较高可信度的稀疏匹配点及三维重建点开始（即SFM的输出结果），生成一系列稀疏面片以及对应的图像区域，并重构稀疏面片。对这些初始的匹配多次重复以下两个步骤。

（2）范围扩展：扩展初始的匹配点到临近像素点，得到更加稠密的面片序列并重构。

（3）滤波：借助视觉一致性原理去除位于观察物体表面前后的错误匹配。

图2.2-11所示为对某边坡进行稀疏重构及密集重构后的点云效果对比。

（a）稀疏重构

（b）密集重构

图2.2-11 对某边坡进行稀疏重构及密集重构后的点云效果对比

2.2.5 数据与三维场景集成

针对通过多源手段采集的各类信息，建立统一的展示查询平台，在项目勘察设计工作开始时，以可视化的三维场景集成方式提供相应的数据资料，基于现有的地形、地貌、地质、水文气象、交通、供水、供电、通信、生产企业及物资供应、人文地理、社会经济、自然条件等数据，建立了乏信息综合勘察设计条件下的数据集中展示平台，为各类乏信息条件下基础设施工程的建设提供数据支撑。

2.2.6 与传统技术对比

和传统的测绘手段相比，乏信息综合勘察设计技术的优势主要体现在以下两个方面：

（1）测绘数据高效利用。利用信息化的手段，收集、整合在各类基础设施工程开展的过程中所形成的各类测绘资料，形成相应的测绘数据信息集，通过目录式管理，可分门别类地对资料进行有效利用。另外，通过互联网查找各类国内外科研院所、政府机构发布的测绘数据源，可以快速方便地实现不同区域测绘资料的获取。

（2）丰富的数据利用方式。乏信息综合勘察设计数据获取后，最终的目的在于为各设计专业服务，传统的数据集成方式已不能满足三维设计的潮流，如：传统测绘专业以等高线形式提供地形图的方式，必须转变为三维场景全要素化提供的方式。乏信息地形地貌数据采集与处理技术，不仅可针对不同的项目需求加工形成三维地理信息系统数据并提供给各设计专业，还可提供集成数据下载、在线应用的服务。

在数据应用过程中，提供全专业数据应用接口平台，通过各专业指定负责人的方式，解决乏信息综合勘察设计技术在应用过程中数据版本不统一的问题。

2.3 地震地质数据采集和处理方法

2.3.1 技术发展现状分析

随着我国沿海及中部基础设施建设的不断完善及“一带一路”倡议的逐步实施，工程地质勘察市场逐步向我国西部和国外转移。相对于沿海及中部地区，我国西部地区普遍存在基础地质资料匮乏、野外安全风险多、交通不便、卫生及气候条件差等诸多问题，传统的工程地质勘察方法技术手段落后，效率低下，质量控制难度大，安全隐患较多，已不适应新的市场竞争形势。为保持市场竞争力，必须革新工程地质勘察工作技术手段，在尽量规避野外安全风险和保证成果质量的同时，提高工作效率，降低工作成本。

现有的工程地质勘察技术革新研究成果大部分还处于理论建立和思路拓展阶段，缺乏工程实践的检验。乏信息条件下地震地质数据采集和处理方法，通过国内外数十个工程的不断实践和完善，创新了工程地质勘察工作模式，与传统方法相比，能够一定程度上规避安全风险，且在保证成果质量的同时，降低工作成本，提高工作效率。地震地质数据采集与处理主要涵盖地质基础数据收集、工程地质测绘、工程地质分析、工程地质灾害调查与评估及综合物探技术。

2.3.1.1 地质基础数据收集

地质基础数据指地质调查工作所获得的全部数据，包括区域地质、矿产地质、水文地质、工程地质、环境地质、灾害地质、地球物理、地球化学和遥感影像等，反映国土物质组成和结构、地质资源和地质环境等基本状况。数据采集主要结合网络信息技术、涉外资料收集渠道与现代化信息技术来开展，国外的地震地质资料依据区域地质资料及部分国家地质协会定期公告和年鉴资料等进行系统详细的收集、整理。各类地质资料的收集方式如下：

（1）无偿资料。对于小比例尺的区域地质图件、地震图件、文字资料及遥感影像，可从国内外地震、地质科研机构或职能部门的网站上收集，也可利用商业软件免费下载，还可二次利用测绘专业数据。

（2）有偿数据。对于国外工程，应登录工作区所在国家或地区的地质职能部门网站，明确工作区以往区调工作深度及现有成果精度，并根据勘察设计阶段的不同选择合适精度的区域地质资料；如在上述网站搜索不到相应信息，可进一步到国外商业网站继续搜索，一般情况下，能够得到满足要求的地质资料，且经济成本较低。对于国内工程，应从各省、市、地方地矿部门或从事过该地区工作的科研部门购买比例尺为 1∶25 万～1∶5 万的区域地质调查资料、地震图件、地质图件或专题研究报告等。在收集上述资料的基础上，应由地质专业负责人依据 3S 技术应用基本流程，开展工作区遥感地质解译及复核工作，以收集有价值的地质信息，总体把握区域地质环境，并作为近场区及工程区地质测绘的解译标志。

2.3.1.2 工程地质测绘

在复杂地质环境下开展工程建设工作难度较大，并伴有诸多潜在的安全隐患，以何种方式做好地质测绘至关重要。现代测绘技术的覆盖面较广，例如 GNSS 技术、GIS 技术、遥感测绘技术等代表性技术，可采集测量地区总面积、地形、地貌等方面的信息，所得结果真实可靠，能够给后续工作的开展提供依据。本章主要包括数字化填图和遥感地质解译两部分，其中，数字化填图技术已应用成熟；遥感地质解译技术紧跟商用卫星影像在分辨率和光谱分布上的不断革新，逐步加入并总结新技术、新方法，昆明院已将其应用至国内外数十个工程。

2.3.1.3 工程地质分析

基于地质信息数据库技术，结合 GIS 空间分析法和工程地质分析原理，将工程地质分析技术由定性分析逐步向定量或半定量转化，工作成果全面丰富，表达直观，层次清晰，无重复和遗漏。

2.3.1.4 工程地质灾害调查与评估

工程地质灾害调查与评估研究的重点及发展方向主要为：基于高精度卫星遥感影像资料，采用RS技术解译区域及工程区基本地质条件；利用GNSS空间定位技术，结合传统的工程地质勘察手段和方法，建立工程区三维场景及工程区基本地质信息库、工程区地质灾害危险源数据库；基于地质信息数据库、地质灾害危险源数据库，进行危险性评价和防治，研究范围由零散到集成，从单点识别到系统识别的量化分级，现成果已逐步推广。

2.3.1.5 综合物探技术

综合地球物理技术也称综合物探技术，是为了克服单一物探方法的局限性，进一步提高资料解释精度，以各种单一物探方法为基础，把两种或两种以上的物探方法有效地组合起来进行探测和解释，从而大大提高物探成果解释精度，达到共同完成或解决某一地质或工程问题的目的。就其分类来说，综合地球物理技术又可以分为两种：一种是地球物理联合反演方法；另一种是地球物理成果综合解释方法。地球物理联合反演方法是在反演时，就将几种方法进行统一的约束反演。地球物理成果综合解释方法分两步：第一步，分别利用各种方法的观测资料进行单一方法的反演，得到各方法的反演解释成果；第二步，对各种方法的反演解释成果做对比分析研究，相互修正，互为补充，进行综合解释。综合物探技术已经在地质找矿、超前探测、工程勘察、灾害探测、地质构造探查等方面有了较好的应用。

2.3.2 地震地质基础数据采集

2.3.2.1 地震地质资料采集

（1）从国内外权威网站下载历史地震记录数据，可根据工程规模及不同行业需求选择搜索空间范围、时间范围及震级范围内的历史地震记录点，记录数据涵盖震中地理坐标、震级、震源深度、发震日期及时间等。

（2）主要控震构造活动性遥感地质解译。下载适合构造解译光谱范围的高精度、多光谱遥感影像和地形数据，搭建三维场景和地质信息数据库，从火山、地震及热泉活跃程度，断裂与晚更新世地层交切关系，水系折转特征，第四系地貌排列特征及影像色调特征等诸多方面开展遥感地质解译工作，为主要控震构造的活动性判断提供间接或直接依据。

2.3.2.2 区域地质资料

（1）网络收集。与国内外大型地形地质资料网站合作收集地质资料，同时也可登录相关国家地质调查部门网站购买所需要的区域地质图及相关报告等。

（2）涉外渠道收集。通过中国政府驻外机构、企业驻外机构等，协调当地关系，结合网络信息技术明确需求资料，通过属地化员工购买等。

（3）区域或国家地质行业协会（学会）定期公告或年鉴资料。积极参与不同区域或国家定期召开的地质行业协会（学会）会议，了解最新行业动态和要求，收集相关的定期公告或年鉴资料。

2.3.3 工程地质测绘

2.3.3.1 数字化填图

数字化填图革新了地质填图方法，它是一种基于安卓操作系统 GIS＋GNSS 集成技术的便携式智能设备工程地质测绘方法，包括地形地质资料信息技术检索；影像数据、地形数据、区域地质图、地震区划图、设计对象及三维地形 DEM 数据的坐标校正和配准并转换为 WGS84 直角坐标系或地理坐标系；创建二维及三维地质信息 GIS 数据库；野外作业时在便携式智能平板电脑或手机中直接打开二维或三维地质信息库，启动 GNSS 系统，跟踪行走路线，实时报警导航；野外自动记录地质点及地质界线的文本、照片、音频及视频信息，并存入 GIS 数据库；在野外将收集到的地质点、线、面及体的坐标信息直接转换为工程坐标，经格式转换后存入 CAD 格式平面地质图上。GIS 数据库更新后与后方专家同步互动，动态更新，完善野外工程地质测绘的质量控制程序。

数字化填图方法基于安卓操作系统，与 Windows 操作系统相比软件耗用内存少且设备携带方便；利用 GIS＋GNSS 集成技术，经坐标处理后野外定位精确；建立动态更新的二维及三维地质信息 GIS 数据库，地质记录信息包括音频、视频信息，野外操作直观简单，内容层次清晰，无重复和遗漏，改变了以往单纯的文字＋照片信息的记录方式，提高了野外工作的效率；通过与后方专家的同步沟通，填补了野外工程地质测绘系统性质量控制程序的空白，也可及时调整工作计划，野外地质测绘目标更明确。

2.3.3.2 遥感地质解译

我国西部及国外工程大多受气候、交通及卫生等条件制约，区域地质及邻区的现场勘察工作面临诸多困难，很难完全达到规范要求，需要寻求勘察手段的革新和突破。相对而言，区域地质及邻区的地质勘察精度要求低于枢纽建筑物区。作为工程地质勘察的基本方法之一，遥感地质解译技术曾在一定时间内因其精度有限而不受重视，但是随着计算机技术的发展，现有遥感地质解译手段的控制精度已大部分达到或基本达到区域及邻区工程地质勘察规范要求，主要表现在以下几个方面：

（1）民用GNSS技术已能够实现15m精度保证率95%以上，10m精度保证率80%以上，相应的比例尺为1∶7500～1∶5000，对于工程地质条件不甚复杂的地段可满足要求。

（2）影像空间分辨率越来越高，卫星影像分辨率最高可达0.37m，无人机影像分辨率可达厘米级；光谱覆盖范围越来越大，对地质解译至关重要的远红外波段已能够免费获取；影像拍摄手段也越来越丰富，涵盖卫星影像、航空影像、无人机影像甚至雷达影像。

（3）遥感地质解译手段已不仅仅局限于二维影像，还包括地形分析、地表水文分析等定量化手段，其精度远远高于人工识别；此外，基于地质地理信息数据库下的三维仿真场景，对区域地质及工程区基本地质条件的解译效果也大大提高，在现场条件不具备的情况下，很多成果完全可以直接应用。

（4）本书提到的遥感地质解译技术并非传统意义上单纯的遥感地质解译。随着大数据时代的来临，RS技术与GNSS技术和GIS技术的结合（3S技术），逐步演变为工程地质勘察工作的一个常规手段。地质工作的基本方法就是判译，当现场条件较好时，以现场勘探及测绘成果为解译标志，在地质地理信息数据库上完成遥感地质解译，并结合地质理论开展定量空间分析工作，这本身就是对水电工程地质勘察工作的一个有效补充和升华；当现场条件不具备时，3S技术作为一个重要手段，可以在乏信息条件下宏观把握区域地质及工程区基本地质条件，初步评价水库区工程地质条件，能够在较大程度上规避重大工程地质风险。

2.3.4 工程地质分析

在完成资料收集后，以三维仿真场景为基础搭建地质信息数据库。三维仿真场景宜包括行政区划、地名、水系信息、交通信息、历史文物古迹信息、遥感影像、数字地形、工作范围及设计对象。地质信息数据库内容则涵盖了地形地貌、地层岩性、地质构造、物理地质现象、喀斯特、水文地质条件、岩土体物理力学参数、勘探试验成果、遥感地质解译成果、地质空间分析成果、地质附图及地质报告等信息。

本书创新的工程地质分析方法是指以地质信息数据库为基础，快速完成地形分析、地表水文分析、剖面分析、方量估算，从而为工程地质评价提供定量或半定量依据。

（1）地形分析。自动提取坡度、坡向，自动进行地貌分区，自动提取山谷线、山脊线，自动提取洼地，自动计算洼地深度、规模和体积等。

（2）地表水文分析。自动计算流域汇流量，自动提取地表水系分布，例如工程区的冲沟分布、泥石流物源区的水系分布、自动测量活动断裂错断水系距离、自动提取水系网格等。

（3）剖面分析。自动、快速地剖切地形剖面，结合三维地质建模技术自动提取地质信息，为工程地质条件研判快速提供基础信息。

（4）方量[1]估算。不良地质体方量精确估算，天然建筑材料储量精确估算，开挖料储量精确估算。

2.3.5 地质灾害调查与评估

乏信息条件下地质灾害调查与评估宜按照收集资料、遥感解译、现场调查、数据处理及成果提交的流程来开展。工作内容如下：

（1）收集资料应包括区域地质资料、地震资料、遥感影像、地形资料、评估区范围、主要评估对象等。

（2）遥感解译应结合影像及地形信息开展，必要时应搭建三维仿真场景，重点关注可疑崩塌、滑坡、泥石流及潜在不稳定斜坡等的分布、规模等。

（3）现场调查应以遥感地质解译成果为基础，并收集尽量多的解译标志，为后期数据处理提供依据。

（4）应结合现场地质调查成果及遥感解译成果开展数据处理工作，完成地质报告及相关图件的编制。

（5）地质灾害调查与评估成果提交应以报告和图件的形式为主，有条件的情况下可提供二维或三维地质信息数据库。

2.3.6 综合物探方法

各种物探方法的应用都依据一定的物理前提，且地质、地球物理条件和边界

[1] 方量指各项土石方工程量（挖方工程量、填方工程量）之总和。

特征对测试成果具有较大的影响，使得这些方法存在着一定的条件性和局限性，加之大中型重点工程大多具有比较复杂的地质和工程问题，所以采用单一的物探方法一般难以查明或解决有关地质和工程问题，此时应考虑综合物探进行施测，以提高物探成果的地质解释精度和成果分析质量，满足工程勘察之需。

按测试参数的不同，物探技术大致可分为电法勘探、地震勘探、弹性波测试、物探测井、层析成像、地质雷达技术、放射性勘探、水声勘探、综合测井等。综合物探方法就是以上述物探技术为基础，把两种或两种以上的物探方法有效地组合起来，达到共同完成或解决某一地质或工程问题的目的，取得最佳的探测成果。下面对两种综合物探方法进行简要介绍。

（1）综合探测法。由于工程物探方法种类较多，其应用是以目标地质体与周围介质的地球物理性质（如电性、磁性、密度、波速、温度、放射性等）差异为前提，选择合适的方法与技术进行探测，一般都可以获得较好效果。针对基础设施工程中不同类型的探测目标体，采用综合物探方法时，为了取得更好的勘探效果，应从以下两方面入手：

1）在勘查方法上采取综合探测方法。一般来说，探测目标体与围岩介质之间不同程度地存在着多种物性差异，因此，采取多种物探方法来获取多种异常，多角度、大信息量地综合分析和研究探测目标体的特征，在一定程度上可以减少物探的多解性，有助于提高物探资料解释成果的可靠性和准确率。

2）在方法的选择上进行优化组合。一般在地质资料已知的地段（点），根据不同的物性差异，选用不同的物探方法开展试验，然后将各自的试验成果进行对比分析，以查明问题、节约资金为原则，合理地选定有效的物探方法进行优化组合，进行综合探测和联合反演。这是保证探测效果，提高经济效益的重要途径。

（2）物探多成果综合解释方法。该方法主要分为两个阶段：第一阶段，分别利用各种方法的观测资料进行各物探方法的反演，得到相应方法的反演解释成果；第二阶段，充分利用已经获得的遥感、钻孔、地质、勘探等已知资料，对各种方法的反演解释成果作比对分析研究，然后进行综合解释，得出一种比单一物探方法的反演解释成果更加合理的综合解释成果。在综合解释时，一般采用加权法。

2.3.7 与传统技术对比

2.3.7.1 地质基础数据收集

在泰国克拉运河预可行性研究阶段地质勘察、印度尼西亚 Kluet 1 水电站可行性研究阶段地质勘察及印度尼西亚 Lariang 河流域水电工程规划工作中，通过网络数据收集地震地质数据，网购当地 1∶25 万区域地质资料，结合少量现场调查，完成了区域地质复核工作。相较于传统方法，该方法主要依据网络信息检索技术，现场工作有的放矢，更有目的性，重点突出。

2.3.7.2 工程地质测绘

1. 数字化填图技术

数字化填图技术已应用到我国滇中引水工程、红石岩堰塞湖枢纽整治工程、卡西水电站，以及缅甸纳沃葩水电站，老挝南欧江梯级水电站、东萨宏水电站，泰国克拉运河工程，印度尼西亚巴来林水电站等国内外近百个项目，相比于传统纸介质填图，其优势主要体现在以下几个方面：

(1) 现场定位快捷、准确、直观，与人工肉眼识别相比，准确度不受地形精度影响，效率大大提高。

(2) 全部资料均可集成于一部手机或一台平板电脑上，相较于以往需携带大量纸质材料而言，资料携带十分方便。

(3) 与传统方法保管资料需考虑防雨、防水、防风等不同，数字化填图所需的移动客户端可大可小，甚至可装在衣兜内。

(4) 可以通过照片、音频、视频及文字等各种方式记录地质信息，相较于以往的人工记录地质信息，效率大大提升，且记录内容更加直观、生动、全面。

(5) 传统方法为寻找某一重要地质目标常需要花费几小时甚至 1～2 天的时间，数字化填图技术通过建立矢量化文件，可实现地质目标精确导航，对所关注的地质目标，可快速到达指定位置，效率极大提升。

(6) 在传统工作方法中，地质工程师现场对整个研究区全局地质构造格局的理解有局限。数字化填图技术可在现场搭建三维仿真场景，填图时可实时快速、逐步地了解研究区整体构造格局，为地质工程师下一步工作提供明确导向。

(7) 传统方法现场工作成果的质量控制常常只能由作业小组完成，后方更高层级专家中间只能通过有限次数的检查工作来控制成果质量。数字化填图技术可随时要求共享现场三维实景和调查线路、填图成果等，后方专家可随时进行质量控制并指导下一步工作方向。

2. 遥感地质解译技术（3S 技术）

3S 技术已用于我国的滇中引水工程、红石岩堰塞湖枢纽整治工程、卡西水电站，缅甸滚弄水电站、纳沃葩水电站，老挝东萨宏水电站，以及印度尼西亚苏门答腊断裂专题研究及 Lariang 河水电规划，与传统工作方法对比，其主要优势如下：

（1）传统的地质现场工作调查都是通过地质点法记录的零散地质信息，结合地质学理论搭建的地质模型；3S 技术则是将整个研究区搭建地质信息数据库，在整个数据库平台上开展工作，解译地质界线所依据的影像资料和地形资料是连续的，工作成果更具系统性。

（2）传统的工作方法常常是根据现场测绘工作的深入逐步调整工作方向，在工作中难免产生重复和遗漏，目的性不强，只能从局部理解整个研究区的地质格局；3S 技术是从宏观、大局把握主要工程地质问题，以遥感地质解译成果指导现场地质测绘侧重点，再以现场地质测绘收集解译标志，验证遥感地质解译成果，通过不断的循环往复，提高地质测绘成果的广度、深度和精度。

（3）传统方法在现场普遍基于可见光波段的肉眼识别；遥感影像提供的远红外及热红外光谱涵盖大量的矿物组成差异信息，给工程地质测绘工作提供了一个新的工作思路。

（4）传统方法需满足工作深度要求，其现场投入的时间和人力资源都是必不可少的，面临的安全风险是时时存在的，而 3S 技术可以在较大程度上减少现场工作投入。

2.3.7.3 工程地质分析

1. 地形分析

实现网格化精确计算地形坡度，相较于传统方法，剖切剖面量测或估算精度与效率均明显提高；自动生成坡向，进而对整个研究区自动划分边坡结构，使得地质构造的展示更加直观和全面，减少随意性；自动地貌分区，使得地貌形态一目了然，无须过多描述和检查，避免重复与遗漏；自动提取山谷线、山脊线及洼地等，可直观显示地表分水岭，自动完成冲沟统计，可避免以往工作中人工勾画的随意性和不系统性；自动计算洼地深度、规模和体积，实现了从定性评价到精细化定量计算的重大革新。

2. 地表水文分析

通过设置不同汇流量阈值，生成地表水文网格，既可为地表山谷线的提取提供依据，也可为遥感地质解译提供水系分析依据，例如：灰岩以脑纹状网格为主，砂岩、花岗岩以树枝状网格为主，片岩、板岩以格网状网格为主等。结合其他遥感地质解译方法，可突破以往必须到现场调查某个点才能判断该点附近岩性的限制，且对岩性分界线的勾绘更为全面，依据更为充分。

3. 剖面分析

结合三维地质模型，快速剖切研究区地质剖面，为工程地质条件快速研判和方案比选提供可靠保障，为工程地质结论提供数据支撑，无须再针对某一具体剖面花费大量的人力和时间绘图，工作效率大大提高。

4. 方量计算

相较于以往利用平行断面法，剖切多条剖面才能估算地质体或料场储量、剥离量的方式，通过建立三维地表或地质模型，可完成方量的精确计算，在工作成果精度大大提高的同时，工程效率也得到了提高。

2.3.7.4 HydroBIM -工程地质灾害防治三维可视化系统

该系统已应用到涓公河水电开发地质环境研究课题及黄登水电站等工程，成果已开始推广。

1. 工程区三维场景

传统方法都是基于地形资料了解工程区的概况，所获取的信息需要专业人员进行解读后才具有公众性，通过搭建工程区三维场景，对工程区的整个自然地貌条件进行直观展示，便于非专业人士快速了解整个工程区的地理概况等。

2. 工程区基本地质信息库

传统方法是将基本地质信息通过人工勾绘的方式整合到地形图上，从而形成二维的工程区地质平、剖面图。该系统可基于三维仿真场景，将整个地形地貌、地层岩性、地质构造、物理地质现象及水文地质条件等信息，以直观的方式表达，形成基本地质信息数据库，不同内容可选择性展示，相较于传统方法的平、剖面图，更加全面系统、层次清晰，无重复和遗漏。

3. 工程区地质灾害危险源数据库

结合革新的工程地质测绘技术，对整个工程区地质灾害危险源进行全面梳理、排查，并对每一个危险源进行立档建库，统一编号，危险源的地理坐标、分布规模、发育趋势、防治措施、监测成果等均可实时调用，与传统的纸质文档或平剖面图文档相比更加详细具体、全面系统。

2.4 水文气象数据采集和处理方法

2.4.1 技术发展现状分析

乏信息地区水文计算研究一直是水文研究的难点。国外乏信息地区水文计算面临困难，工程设计人员仅能依靠少量资料进行经验估算，难以适应新形势下国际化市场的要求，设计手段亟须改进。国外项目风险大，如何有效控制前期成本、在设计初期高效获得电站设计所需的水文气象资料非常有意义。

计算机技术与3S技术的迅速发展，使水文气象等空间信息数据的获取变得更加方便。同时，基础设施设计行业国际化路线对水文水资源技术应用提出了新要求，现有的一些技术手段已经不能满足当前需求。基于3S技术在乏资料流域的应用成为近年来水文研究的热点。通过3S技术可以获取全球范围的气象数据、下垫面参数，采用水文地理数据模型、分布式水文模型，结合互联网获取的全球共享数据使乏资料地区水文分析计算成为可能。

收集到的部分数据虽未验证来源，精度未知，但也是重要的基础数据，如全球河网及流域边界数据。这些数据如何应用到无资料地区实际工程项目中，精度如何，值得进一步探索。

分布式水文模型在乏资料地区的应用研究目前是国内外水文研究的前沿学科，模型输入数据获取问题虽已在3S技术的帮助下得到解决，但由于缺乏观测验证资料，模型的参数值难以通过直接率定的方法确定。国际水文科学协会(IAHS)启动了"资料缺乏地区水文预测"(Predictions in Ungauged Basins, PUB)的十年计划，其目的在于探索新的水文模拟方法，实现水文理论的重要突破，满足各个国家特别是发展中国家的经济发展需要。国际上有大量关于乏资料流域水文模拟的研究成果及结论，但将这些方法用于实际水电站设计工作过程中的案例非常少，如何将分布式水文模型理论研究成果应用到实际水电站设计项目中，正是本书要解决的主要问题。

昆明院探索了一套乏信息地区水文分析计算解决方案：第一，气象水文数据采集，主要包括实测、卫星气象数据获取与整理，再进行实测与卫星数据融合；第二，基于ArcHydro模型流域特征提取，得到流域边界、河网、河道等数据，继而为水位流量关系、库容面积曲线计算提供基础数据；第三，采用国际上广泛使用的SWAT模型，通过构建基于3S技术的分布式水文模型，研究SWAT模型输入数据获取、建模、率定与验证、参数化方法，并结合实际工程案例研究，总结基于分布式水文模型的乏资料地区水文泥沙计算方案。利用该方法，在资料短缺的流域采用有限的流量资料进行率定，达到插补延长的作用。在完全无资料流域通过模型模拟方案提供较为可靠的流量资料。

2.4.2 水文气象数据采集

在传统的国外水文气象数据收集工作中，首先需要确定工程区域及附近有资料，且设计人员要亲自到现场才能完成资料收集工作。乏信息条件下水文气象数据采集方法是通过调研乏信息地区工程所需的水文气象资料及公共组织定期发布的数据，再结合收集到的部分实测资料，采用多种方法对不同来源、不同途径的水文气象资料进行分析、整合（如实测与卫星资料融合、资料精度评估、降雨等值线生成、资料插补延长），以供水文分析计算使用。

（1）文档图片资料收集。收集各地区、国家水电开发状况信息、已有工程设计报告、主要河流公报、流域规划、国家和地区水资源公报、水资源评价、水资源分析统计图、降水等值线图、径流深等值线图、土壤侵蚀图、输沙模数图等文档图片资料，用于总体把握区域内水文气象条件。

（2）基础地理信息资料收集。收集政区、城市、交通、水系、站网、地形、土壤植被类型等基础地理信息、水文要素信息等数据，用于 ArcGIS 中制作流域概况图及水文模型构建。水电工程前期勘察设计基础水文地理数据获取方式见表 2.4-1。

表 2.4-1　水电工程前期勘察设计基础水文地理数据获取方式

名　称	机构类别	范围	网　站	说　明
ISCGM 国际测图委员会	政府间公共机构	全球	全球测图国际指导委员会网站	各国政区、交通、水系、土壤、植被数据
NATURAL EARTH	民间机构	全球	Natural Earth 官网	各国政区、交通、水系数据
DIVAGIS	民间机构	全球	DIVA-GIS 官网	各国政区、交通、水系数据
HWSD SOIL	政府间公共机构	全球	世界土壤数据库	1km 栅格土壤数据
全球 LUCC 数据集	公共机构	全球	地理空间数据云官网	GLC 2000 及 ESA GlobCover 1km 栅格植被覆盖

（3）水文气象资料收集。对于水文设计中重要的水文气象数据，如降雨、蒸发、径流、洪水数据，应重点收集。收资方式可以通过联系相关机构（如各地区、国家气象局、水文局、流域管理局等）进行购买。同时还应收集免费的全球共享数据，如降雨数据可以采用热带测雨任务卫星（Tropical Rainfall Measuring Mission，TRMM）、全球降水气候计划（Global Precipitation Climatology Project，GPCP）等大范围网格卫星数据，通过相关校正方法，可以应用于前期无资料地区工程规划设计中。部分水文站径流数据可从联合国粮食及农业组织、世界气象组织申请免费使用。水电工程前期勘察设计水文气象数据获取方式见表 2.4-2。

表 2.4-2 水电工程前期勘察设计水文气象数据获取方式

名　称	机构类别	范围	网　站	说　明
FAOCLIM	政府间公共机构	全球	联合国粮食及农业组织	实测多年月平均最高、最低气温，降水，辐射、相对湿度，风速数据
GRDC	政府间公共机构	全球	全球径流数据库	全球逐日实测水文数据
MRC	政府间公共机构	湄公河流域	湄公河流域官网	湄公河流域实测水文气象数据（收费）
TRMM	公共机构	全球	TRMM 数据库	格网逐日卫星降水数据
CSFR	公共机构	全球	SWAT 模型官网	格网逐日最高、最低气温，降水，辐射，相对湿度，风速数据
GPCP	公共机构	全球	美国国家海洋大气局地球系统研究实验室官网	格网逐日卫星降水数据

2.4.3 流域特征参数快速提取

传统流域特征参数提取是采用地形图进行流域特征值（面积、河长、流域平均高程）的量算。该方法存在两个问题：一是乏信息地区的地形图难以短时间收集到，且费用高；二是在地形图上进行流域面积、河长、流域平均高程量算工作相当费时，工作效率低下。通过对实测 1∶5 万地形图与网上免费下载的 DEM 地形资料量算的流域特征值进行对照，认为网上免费下载的 DEM 地形资料基本能满足研究的精度要求，例如获取区流域河流水系及流域特征值可采用 ArcHydro 软件免费下载的 DEM 地形资料，经过实际河网校正，采用批量处理技术一次性提取得到，耗时大大降低。在保证成果精度的同时，大大提高了工作效率，同时也节省了购买实测地形图的费用。

2.4.4 水文模型应用

传统水文计算方法，如水文比拟法、径流系数法、参数等值线图法，虽然可以获得设计断面多年平均流量成果，但很难获得径流的年内年际分配成果。本书将分布式水文模型应用到水文分析工作中，获得了精度满足设计要求的年内年际分配成果，为乏信息条件下基础设施的规划设计提供新的设计理念和计算方法。

水文模型应用技术体系如图 2.4-1 所示。首先收集地形、土壤植被、水文、气象等基础资料，根据资料的情况确定研究区域；通过模型构建、参数率定及验证等，建立研究模型；应用模型进行多种工况的模拟，研究总结模型的适用性、可靠性；最后将模型进行推广与应用。

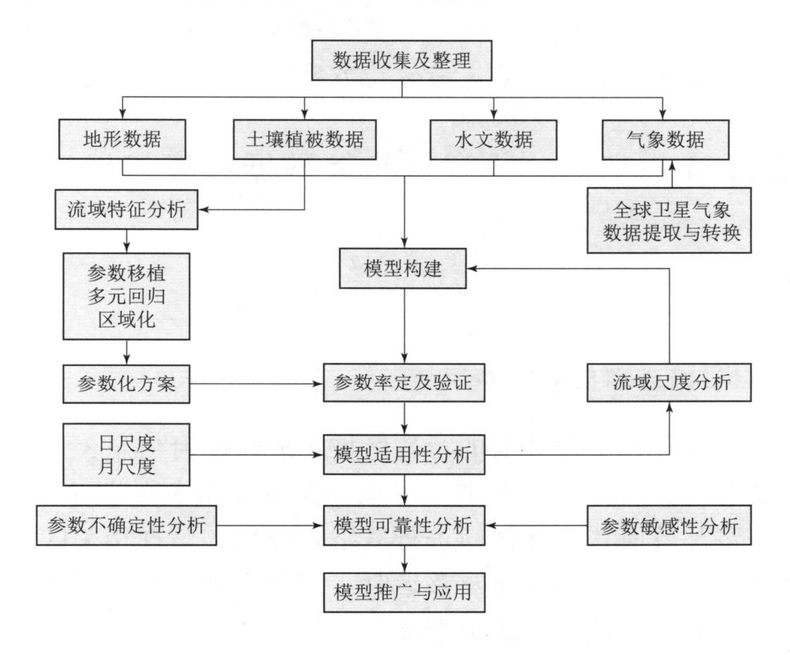

图 2.4-1 水文模型应用技术体系图

2.4.5 与传统技术对比

2.4.5.1 传统方法

（1）工程所需水文数据要从水文气象部门购买，申请审批手续时间长。

（2）流域特征参数应用 CAD 和 GIS 软件进行处理并提取。

（3）径流、洪水参数应用 Excel 和水文计算工具集。

（4）在国外收集资料工作时，首先需要摸清工程区域及附近是否有资料，再联系业主申请资料收集；业主与当地政府沟通后，国内设计人员需亲自到现场才能完成资料收集工作，中间每道程序耗时长。

（5）某些发展中国家基础设施建设较落后，工程区域内极度缺乏雨量、水文测站，即使到现场也无法收集到资料，使水文分析工作无法开展。

2.4.5.2 乏信息水文资料收集与处理

（1）全球数据采集：计算机科学、水文科学及3S集成技术的发展与应用，使得通过互联网收集全球共享水文气象数据成为可能。一般可收集到DEM数据、植被数据、土壤数据，以及径流数据、格网气象数据。

（2）分布式水文模型数据处理：分布式水文模型以现有遥感数据为基础，以有资料区域为基础构建模型，推求乏资料地区径流过程。通过确定分布式水文模型、确定模型构建方法、确定参数化方案，可开展水文数据资料的处理。

2.5 社会经济、交通、物资供应等数据采集和处理方法

2.5.1 数据采集与整编

2.5.1.1 社会经济资料的收集整编

根据建设征地移民安置涉及的行政区域，通过政府信息公开网站收集和整理所需的社会经济资料；同时开展多方案相关基础资料的收集、分析、统计；根据需要进一步与政府、统计部门进行联络，收集和整理相关区域涉及的经济统计资料。在社会经济资料收集与整编时，应考虑社会经济评价范围界定的准确性和合理性，解译的地形图成果应满足工程设计阶段要求的精度并且包含必要的信息，同时，收集的统计资料还要进行一致性分析、检验。

1. 数据获取

社会经济统计资料包括各级政府定期发布的社会经济统计年报和农业调查部门公布的统计年报。

（1）充分利用现有的政府信息公开系统，收集基础社会经济信息。

（2）根据测绘专业收集整理的基础地理信息资料，提取建设征地范围内的主要实物指标，分析建设征地和移民安置对区域社会经济的影响程度。

（3）现场开展必要的抽样调查，对区域的种植模式、产量、基础单价、换算系数等进行复核、落实。

2. 基础资料的整编

根据收集分析的基础资料，开展社会经济评价主要工作，包括：进行移民、城市集镇、专业项目等对象的处理措施初步规划和方案分析论证，进行技术、经济分析比较，完成社会影响评价费用概（估）算，编制完成相关专题报告，满足报批需要。

根据基础资料，完成敏感对象分布研究，建立相关展示系统，为成果展示和汇报提供基础数据。

2.5.1.2 交通资料的收集整编

1. 交通资料的收集

主要利用互联网、卫星电子地图等工具，对项目所在地对外交通分布、道路运输等级等情况进行考察和分析，对重点项目可结合现场收集方式进行。基于获取的地形地貌及相关数据，获取交通专业所需的基础资料，为交通设计提供数据支撑。交通专业基础资料应满足以下要求：

（1）居民地的表示应准确反映居民地特征，分清主次街道与外围轮廓，地物密集地区宜选择经济价值较大且与公路设计有直接关系的突出地物加以表示。两层以上的楼房应注明层数。

（2）独立地物应表示外轮廓；散坟应表示实地位置，坟群应表示范围；地下建筑物应标明出口、入口和天窗。

（3）道路应位置准确、等级明确；公路等级应按规范按等级代码标注。

（4）电力线、通信线的转折点、分岔点应准确标示；高压电线杆、铁塔按实际位置标示，并注明电压等级；水管地面部分应标示；石油、天然气等管道地面及架空部分应标识实际位置并注明输送物质；电力、电信地下管道检修井应标识。

（5）水系应标注河流流向和方向。

（6）乡镇及以上界线和自然保护区界线应标注。

（7）陡崖、岩墙、崩崖、滑坡、泥石流、冲沟、地裂缝、岩溶溶斗、黄土漏斗、山洞、陡石山、梯田坎、火山口等应结合地质专业解译和判断进行标识。

（8）植被中覆盖面积大、经济价值高的应重点标注；应采用地类界描绘成林、幼林、苗圃、竹林、灌木林、经济林、经济作物地、菜地、水稻田、旱地等；应注明树林、竹林、灌木林平均高度，对于沟底、交叉口、山凹、鞍部等关键地段应标明树高。

（9）应标注居民地、城市、集镇、村庄、机关、学校、企业、事业、工矿，大城市中主要的街道，以及山地、江河、湖泊、海洋的地理位置。

2. 交通资料的整编

对收集到的交通数据和相关的地貌地物数据进行类别划分和分析，确定工程周边的交通网络。类别划分需要对收集资料中的交通类型分类，如道路、桥梁、铁路、水路等。根据交通资料的相关信息初步制定交通方案，并总结不同交通方案特点，包括限速范围、道路限高、可行驶车辆类型、承载重量要求、道路宽度、交通流量等。通过对工程周边的外部交通网络进行整合和协调，确保工程不受交通问题的干扰，同时也为工程的建设提供便利。

2.5.1.3 物资供应资料的收集整编

1. 物资供应资料的收集

根据工程规划需求，搜集工程主体建筑材料（如钢筋、水泥等）当地生产企业的分布情况和产品质量、供给以及其他项目的应用情况等。一般生产企业都有自己的网站和产品宣传，可通过网络搜集与分析的方式实现所需资料的搜集。

2. 物资供应资料的整编

对不同建筑材料的供应商进行分析，确定各物资供应商的基本特点，包括供应商提供物资的价格、物资存放位置、物资质量、物资运输要求等。基于物资供应商的基本特点并结合交通资料制定运输方案，分析其运输成本、安全性、运输时间、运输长度等具体信息，按照运输效率、低成本、安全性的要求选择最优方案，确保工程建设过程中的物资供应满足施工进度要求。

2.5.1.4 造价资料的收集整编

1. 造价基础资料的收集

（1）国内主要通过网络或者电话向建筑材料、机械租赁等供应商收集。此类单位直接面对市场，最了解建筑市场的动态，可提供大量的市场信息，从供应的角度来丰富工程造价管理资料，同时也可通过了解已发布的工程造价信息，特别是主要的材料（如钢筋、水泥、电缆等）的价格，提高企业在市场竞争中的地位。

（2）国外工程向办事处或有合作的建设单位收集，查询外交部网站了解当地的人工、税法等，若设备材料从国内运输，则向海运企业询问运输价格及其他信息。

（3）根据其他专业分析得到的地质水文条件，了解料场是否满足施工所用砂石料，砂石料是否需要购买，施工用水用电等的距离、方式等。

（4）根据以往国内外工程积累的经验及数据，建立工程造价资料数据库，提高工程造价管理的效率和标准化程度。此外，还可通过网络收集各类工程造价资料，扩大收集范围和提高时效性，对造价资料进行及时的处理，及时发布造价信息，实现资源共享。

2. 造价基础资料的整编

以水利水电工程为例，利用上述收集的基础资料，如水工提供隧洞的长度、平均洞径，估算出隧洞的大致工程造价等。提供坝的类型、规格及方量，可以通过统计坝的单方造价指标确定坝的工程造价。由此可从经济性的角度提供枢纽布置格局的选择，确定选优方案。

2.5.2 社会经济、交通、物资供应等数据的应用

2.5.2.1 社会经济资料应用

收集的社会经济资料主要用于移民安置设计工作，工程移民参与对象多，涉及因素错综复杂，实物指标调查内容多、工作细、确认程序复杂，所需时间长，在移民安置过程中因物价、移民需求等可变因素多，给征地移民工作带来很大的困难。

1. 成果应用专业

社会经济数据成果主要提供给水库移民、环保、造价等专业使用。

2. 成果说明

在乏信息综合勘察设计工作中，利用遥感手段来进行实物指标调查，将最大限度缩短水库实物指标调查的工作周期，节约成本。结合3S基础成果，社会经济数据可应用于实物指标调查，针对解译成果，结合现场抽样调查成果，分析确定建设征地范围内的土地、房屋、专业项目等主要指标，提高规划和预可行性研究阶段实物指标的精度。同时可根据大范围的解译基础地理信息成果，对处理方案进行深入的技术和经济性分析论证，加深处理方案的设计深度，以满足项目的社会经济评价审批需要。

应用工作成果，提高项目社会影响处理费用概（估）算成果可靠程度，降低项目后续费用控制难度。

3. 主要应用方式

利用解译的基础地理信息成果，针对确定的范围，提取不同高程、开发方案下基础实物指标，分析确定可能的影响对象以及对区域的社会经济影响。进行库周剩余资源分析，开展移民安置方案比选，推荐可能的安置处理方案，辅助进行必要的经济、技术可行性分析。

根据收集的社会经济资料，分析区域社会经济发展现状，结合建设征地实物指标情况和移民安置方案，分析建设征地对区域社会经济发展影响程度，提出合理的消除不利影响措施。辅助开展移民安置方案比选，特别是后续产业发展规划设计。

2.5.2.2 交通与物资供应资料应用

收集的交通与物资供应资料主要用于水利水电工程对外交通的规划设计工作。

1. 成果应用专业

交通与物资供应资料及成果主要提交给交通、造价、施工、项目管理等专业使用。

2. 成果说明

在乏信息综合勘察设计工作中，交通专业根据上序专业提供的对外交通公路的道路等级和标准以及物资和供应商特点，利用3S基础数据进行对外交通公路的设计、运输路线规划以及运输与物资采购成本分析。

3. 主要应用方式

利用3S数据成果，建立对外交通区域内的三维地形模型，进行地形曲面的高程分析、流域分析、不良地质路段分析、运输路线分析以及运输与物资采购成本分析。结合以上分析结果，在三维地形上进行公路的三维布线，充分利用地形条件，减少挖填方量，避开不良地质路段，有效地节约工程投资。

2.5.2.3 造价资料应用

1. 成果应用专业

造价资料主要用于造价分析。

2. 成果说明

通过对收集到的已完工程数据进行加工处理，可得出工程造价指标和工程造价指数两类指标。

3. 主要应用方式

工程经济指标分析，利用已完工程的数据资料进行各类经济指标分析，包括以下几个方面：

(1) 各分部分项工程的单方造价[1]分析。

(2) 各主要建筑“三材”的单方用量分析（如水泥、钢材、木材等主要材料的单方用量）等一系列经济指标。工程经济指标分析的结果可以用来编制各类工程造价指标。一般情况下，单位工程都是由土建工程、设备安装工程及其他工程组成。以水电工程为例，土建工程是由开挖、混凝土浇筑、基础处理、

---

[1] 单方指单位建筑面积。单方造价指建筑产品每平方米建筑面积的价格（见南京大学出版社《新价格辞典》）。

钢筋制作安装等几个不同的部分组合起来的；设备安装工程是由水轮机、发电机、桥机、主变压器、控制系统等不同部分组合起来的。

将已完的工程按不同结构类型、用途进行分类，再将分类后的工程数据进行综合考虑，按照各种不同结构类型、用途分别综合出不同类别工程的各部位的特征（例如隧洞长度、高度，混凝土、钢筋用量，岩石级别等），将此工程部位的造价与相同结构类型、用途的工程进行对比后计算出不同类型的工程造价指数。所计算出的工程造价指数可以用来分析各类工程造价变化的原因（如三材价格的变化而引起的工程造价变化，隧洞的长度或者岩石级别引起的工程造价变化等）。在缺乏基础资料的情况下，测算出各个部位的费用，从而算出整个工程的费用。

综上，利用上述收集的基础资料，在分析、整理的基础上，可测算各部分工程造价基础数据价格指标。

2.5.3 其他资料获取

国外基础设施工程，尤其是东南亚、中东、非洲地区的工程，受所在国的政治、经济、法律、风俗、民族、宗教、文化等因素的影响和制约，这些因素中的任何一个都可能导致工程停摆和投资失败。缅甸的密松水电站就是由于政治因素导致工程停摆。因此，除了采集前述资料外，还应收集与工程相关的其他资料，如法律、政治、经济、文化等资料，以满足工程规划、设计和工程效益评价等方面的需要。

第 3 章

乏信息综合勘察数据集成与三维设计

3.1 乏信息综合勘察设计技术路线

乏信息综合勘察设计是以水利水电工程项目为依托，形成一套以测绘、水文和地质专业数据为基础的技术体系。水利水电工程项目本身就是一个开放复杂的系统，这就决定了水利水电工程项目勘察环境的复杂多变性。

乏信息综合勘察设计技术路线的制定需要系统策划、统筹考虑。根据勘察设计工作的基本要求进行基本资料的需求分析，对传统勘察设计的工作方法与流程进行调整，形成新的技术路线和工作流程，并对基础数据的采集与处理方法提出要求，同时集成应用 BIM/CAE 等技术手段完成勘察设计工作。

3.1.1 设计工作要求

对勘察设计而言，设计方是工程设计工作的主要实施者，同时，水利水电枢纽工程的设计方也是工程设计工作的主导和负责方。

设计工作是工程建设中的重要组成部分，是水利水电枢纽工程的龙头和灵魂。没有好的设计，施工建设工作就无法顺利开展。设计工作决定了工程项目的质量水平与建设工期，是关乎工程项目总体效益的关键性因素。设计管控是设计方开展设计工作的必要环节，综合工作内容和现有工作模式，总结提出设计统筹管控的要求如下：

（1）专业及人员。水利水电枢纽工程规模一般较大，涉及专业众多，且不同工程的特点都不一样，所需的专业也不尽相同，要使工程设计的建设方案更好地匹配工程所在地的自然条件以及人文环境等特点，就需要设计单位首先根据参建工程拟定设计专业及人员的配备方案，同时计划好各个专业和设计人员的组织模式，为后续设计分工以及各专业设计协同做好准备。

（2）任务划分。水利水电枢纽工程设计工作较为复杂，需要大量的设计人员，且大多工作时间紧、设计任务量大，这就需要设计单位对每一个设计阶段、每个专业、每个设计人员的勘察设计任务进行科学的规划和分配，做到精准化分工，使设计人员明确自己的任务，及早进行任务时间规划和开展设计工作。

（3）设计进度。勘察设计阶段在整个工程的设计建设全过程中所占的比重还是比较大的，要经历多个阶段，才能做到设计资料采集齐全并进行逐步的深化设计，而设计工作是否完成又决定着施工方何时才能开展施工建造工作。因此，如何加快设计进度、提高设计效率，是各设计单位研究和探索的关键点，这要求在设计阶段统筹管控，综合考虑可能会影响设计进度的因素和风险点，并明确和细化各个阶段各个任务的时间节点，以此把握设计的整体进度。

（4）设计协调。水利水电枢纽工程涉及专业繁杂，参与设计的人员众多，并且各个枢纽建筑物以及内部各个结构之间的关联性较大，往往需要在设计过程中不断进行设计协调工作，多方沟通设计进展，进行多次设计会签。因此，需要设计方对设计过程中的沟通协调机制进行明确和制定，同时规定相关的设计协调标准和规定，使得设计协调工作有计划、有规则、有效率。

（5）质量把控。水利水电枢纽工程大多关乎社会民生，会对当地发展甚至区域性经济状况产生较大影响，而水利水电枢纽工程的建设质量，在很大程度上来说取决于工程的设计质量，设计方案的合理性、设计图纸的具体性、设计因素考虑的充分性都是决定设计质量的关键。因此，在进行设计统筹管控时，要对设计的各个环节建立严格的质量审查机制，按照评审管理机构要求，对设计方案、设计图纸进行综合评判，保证设计质量。

3.1.2 基础资料需求分析

基础资料的需求分析是进行乏信息勘察设计的必要条件。基础资料的需求一般包括：地形、地貌、地质、水文气象、交通、供水、供电、通信、生产企业及物资供应、人文地理、社会经济、自然条件等。

3S集成数据是重点需求。3S集成数据包含基础地理信息数据及专业数据，基础地理信息数据是3S集成应用的保障，专业数据是3S集成应用的核心。在工程建设过程中，测绘专业负责基础地理信息数据的采集、处理、加工工作，包括坐标转换、卫星影像、航片、InSAR数据等统一获取、三维地形曲面制作、三维基础地理信息场景制作等，为后续专业提供符合要求的基础地理信息数据。水文、地质、物探、水工、机电、施工、水库、监测、建筑、环境、交通等专业负责归档管理本专业的数据收集、整理与存储。

3.1.2.1 基础地理信息数据

工程各阶段基础地理信息数据需求类型主要为DEM、DSM、DOM、

DLG、DRG、三维地形曲面、三维基础地理信息场景。

(1) 数字高程模型。数字高程模型(DEM)是指一定范围内通过规格网点描述地面高程的数据集,用于反映区域地貌形态的空间分布。数字高程模型(DEM)需求规格见表3.1-1。

表3.1-1 数字高程模型(DEM)需求规格表

序号	数据格式	比例尺	格网间距/m	应用阶段
1	.dem/.tif/.grid	1∶500~1∶2000	0.5,1,2	施工详图阶段、可行性研究阶段
2	.dem/.tif/.grid	1∶5000~1∶10000	2.5,5	预可行性研究阶段
3	.dem/.tif/.grid	1∶10000~1∶50000	5,10,25,30	规划阶段

注 国内外各工程区域具有高程信息的栅格图件。

(2) 数字表面模型。数字表面模型(Digital Surface Model,DSM)是指包含了地表建筑物、桥梁和树木等高度的地面高程模型。和DSM相比,DEM只包含了地形的高程信息,并未包含地物高程信息,DSM是在DEM的基础上,进一步涵盖了除地面以外的其他地表信息的高程。数字表面模型(DSM)需求规格见表3.1-2。

表3.1-2 数字表面模型(DSM)需求规格表

序号	数据格式	比例尺	格网间距/m	应用阶段
1	.dem/.tif/.grid	1∶500~1∶2000	0.5,1,2	施工详图阶段、可行性研究阶段
2	.dem/.tif/.grid	1∶5000~1∶10000	2.5,5	预可行性研究阶段
3	.dem/.tif/.grid	1∶10000~1∶50000	5,10,25,30	规划阶段

注 国内外各工程区域具有高程信息的栅格图件。

(3) 数字正射影像图。数字正射影像图(DOM)是将地表航空航天影像经垂直投影而生成的影像数据集。参照地形图要求对正射影像数据按图幅范围进行裁切,配以图廓整饰,即成为数字正射影像图。DOM具有像片的影像特征和地图的几何精度。数字正射影像图(DOM)需求规格见表3.1-3。

表3.1-3 数字正射影像图(DOM)需求规格表

序号	数据格式	比例尺	地面分辨率/m	应用阶段
1	.tif/.img/.jpg	1∶500~1∶2000	0.05,0.1,0.2	施工详图阶段、可行性研究阶段
2	.tif/.img/.jpg	1∶5000~1∶10000	0.5,1	预可行性研究阶段
3	.tif/.img/.jpg	1∶10000~1∶50000	1,2.5,5	规划阶段

注 国内外各工程区域卫星影像、航空影像等栅格图件。

(4) 数字线划图。数字线划图(Digital Line Graphic, DLG)是以点、线、面形式或地图特定图形符号形式表达地形要素的地理信息适量数据集。点要素在适量数据中表示为一组坐标系及相应的属性值;线要素表示为一串坐标组及相应的属性值;面要素表示为首尾点重合的一串坐标组及相应的属性值。数字线划图是国家基础地理信息数字成果的主要组成部分,它的技术特征为:地图地理内容、分幅、投影、精度坐标系统与同比例尺地形图一致;图形输出为矢量格式,任意缩放均不变形。数字线划图(DLG)需求规格见表3.1-4。

表3.1-4　　数字线划图(DLG)需求规格表

序号	数据格式	比例尺	等高距/m	应用阶段
1	.dwg/.dxf/.shp/.wl	1∶500～1∶2000	0.5,1,2	施工详图阶段、可行性研究阶段
2	.dwg/.dxf/.shp/.wl	1∶5000～1∶10000	2,5,10	预可行性研究阶段
3	.dwg/.dxf/.shp/.wl	1∶10000～1∶50000	10,20	规划阶段

注　国内外各工程区域等高线地形图、土地利用现状图等矢量图件。

(5) 数字栅格地图。数字栅格地图(Digital Raster Graphic, DRG)是以栅格数据形式表达地形要素的地理信息数据集,它可由适量数据格式的地图图形数据转换而成,也可由地图经扫描、几何纠正及色彩归化等处理后形成。数字栅格图(DRG)需求规格见表3.1-5。

表3.1-5　　数字栅格图(DRG)需求规格表

序号	数据格式	规格要求	应用阶段
1	.tif/.img/.jpg/.png/.bmp/.pdf	扫描分辨率不低于300dpi	各阶段

注　国内外各工程区域地图扫描图件。

(6) 三维地形曲面。三维地形曲面是基础地理信息数据的重要组成内容,一般由高程点、等高线及数字高程模型生成。三维地形曲面规格见表3.1-6。

表3.1-6　　三维地形曲面规格表

序号	数据格式	比例尺	三角网平均间距/m	应用阶段
1	.dwg/.dat	1∶500～1∶2000	1,2,5	施工详图阶段、可行性研究阶段
2	.dwg/.dat	1∶5000～1∶10000	10	预可行性研究阶段
3	.dwg/.dat	1∶10000～1∶50000	30	规划阶段

注　国内外各工程区域具有高程信息的三角网面。

(7) 三维基础地理信息场景。三维基础地理信息场景应由反映地形起伏特征的DEM和反映地表纹理的DOM叠加而成,同时应根据需要叠加

DSM、DLG、三维建筑模型、专业数据等。三维基础地理信息场景见表3.1-7。

表3.1-7　　三维基础地理信息场景表

序号	数据格式	比例尺	DEM格网间距/m	应用阶段
1	.mpt/.tbp/.sqlite	1∶500～1∶2000	0.5，1，2	运行阶段、施工详图阶段、可行性研究阶段
2	.mpt/.tbp/.sqlite	1∶5000～1∶10000	2.5，5	预可行性研究阶段
3	.mpt/.tbp/.sqlite	1∶10000～1∶50000	5，10，25，30	规划阶段

注　国内外各工程区域具有表面纹理及高程信息的立体模型。

（8）公用基础地理信息数据。公用基础地理信息数据具体要求见表3.1-8。

表3.1-8　　公用基础地理信息数据具体要求表

序号	数据类型	数据格式	比例尺	应用阶段
1	水系分布	.dwg/.dxf/.shp/.wl	1∶500～1∶10000	各阶段
2	居民地	.dwg/.dxf/.shp/.wl	1∶500～1∶10000	各阶段
3	交通设施	.dwg/.dxf/.shp/.wl	1∶500～1∶10000	各阶段
4	管线与护栏	.dwg/.dxf/.shp/.wl	1∶500～1∶10000	各阶段
5	境界及行政区划	.dwg/.dxf/.shp/.wl	1∶500～1∶10000	各阶段
6	地形与土质	.dwg/.dxf/.shp/.wl	1∶500～1∶10000	各阶段
7	植被覆盖	.dwg/.dxf/.shp/.wl	1∶500～1∶10000	各阶段
8	重要科学测站	.dwg/.dxf/.shp/.wl	1∶500～1∶10000	各阶段

注　各类型公用数据详见《基础地理信息要素分类与代码》（GB/T 13923—2006）。

3.1.2.2　专业数据需求

在水电工程施工过程中，不同阶段涉及不同专业的相关数据，获取的数据应充分考虑现势性及可靠性。3S集成应用宜结合具体项目的阶段划分系统考虑，保证各阶段数据的系统性、连续性。在3S集成应用工作开展之前，应编制3S集成应用方案。明确各专业每个阶段收集数据的类型、精度、格式及处理方法，提出成果与质量控制要求。各专业应明确本专业的上下序专业，确保上序专业提供的数据进行过转换，应向下序专业提供严密的转换关系，各专业对应的工作由专业所在部门的工程师完成。各专业间数据需求关系见表3.1-9。

表 3.1-9　　各专业间数据需求关系表

下序专业	上序专业												
	测绘专业	地质专业	水文专业	物探检测	水工设计	施工设计	机电设计	环境工程	水库工程	建筑设计	规划专业	工程监测	交通设计
测绘专业		O	O	O	O	O	O	O	O	O	O	O	O
地质专业	O			E					O				
水文专业	O	O											
物探检测	O	E											
水工设计	O	O	O										
施工设计	O	O	O		O		O		O	O			
机电设计			O	O	O								
环境工程	O	O	O			O			O	O	O		
水库工程	O	O	O					O			O		O
建筑设计	O	O				O		O	O		O		
规划专业	O	O	O					O	O				
工程监测	O	O	O	O	O	O				O			
交通设计	O	O				O		O	O		O		

注　“O”符号表示上序专业为下序专业提供数据；“E”符号表示两个专业间相互存在数据需求。

各专业的专业数据需求规格见表 3.1-10～表 3.1-20。

表 3.1-10　　测绘专业数据需求规格表

序号	数据种类	主要格式	上序专业
1	测绘工作任务书	.dwg/.doc/.docx	各专业
2	踏勘报告	.doc/.docx/.jpg	各专业
3	各类专题数据	.doc/.xls/.jpg/.dwg/.shp	各专业

表 3.1-11　　水文专业数据需求规格表

序号	数据种类	主要格式	上序专业
1	行政区划	.shp/.kml/.kmz	测绘
2	水系湖泊	.shp/.kml/.kmz	测绘
3	土壤分类	.grd/.tif/.img	测绘
4	植被分类	.grd/.tif/.img	测绘
5	气象站网分布	.shp/.kml/.kmz	

续表

序号	数据种类	主要格式	上序专业
6	降水	.xls/.mdb	
7	气温	.xls/.mdb	
8	蒸发	.xls/.mdb	
9	相对湿度	.xls/.mdb	
10	风向、风速	.xls/.mdb	
11	太阳辐射	.xls/.mdb	
12	日照时数	.xls/.mdb	
13	水文站网分布	.jpg/.xls/.mdb	
14	水位、流量资料	.xls/.mdb	
15	泥沙资料	.xls/.mdb	
16	降雨等值线图	.jpg/.shp	
17	径流深等值线图	.jpg/.shp	
18	侵蚀模数图	.jpg/.shp	测绘

表3.1-12　地质专业数据需求规格表

序号	数据种类	主要格式	上序专业
1	测量成果	.dwg	测绘
2	水文成果	.docx	水文
3	规划成果	.docx	规划
4	物探解译成果	.dwg/.shp/.docx	物探检测
5	勘探成果	.xls/.docx	勘察
6	监测成果	.dwg/.xls/.docx/.shp/.kml	工程监测
7	试验成果	.dwg/.xls/.pdf/.docx	科研试验
8	水工设计成果	.docx/.dwg	水工设计
9	施工设计成果	.docx/.dwg	施工设计
10	水库专业成果	.docx/.dwg	水库工程
11	建筑设计成果	.docx/.dwg	建筑设计
12	环保专业成果	.docx/.dwg	环境工程
13	交通设计成果	.docx/.dwg	交通设计

表 3.1-13　物探专业数据需求规格表

序号	数据种类	主要格式	上序专业
1	工程地质勘察大纲	.doc/.docx	地质
2	物探工作任务书	.dwg/.doc/.docx	
3	勘探布置图	.dwg	
4	地貌简况	.tif/.doc/.docx	
5	地层简况	.tif/.img/.jpg/.doc/.docx	
6	地质剖面图	.dwg	
7	地质测绘资料	.dwg/.tif/.img/.shp	
8	岩性资料	.tif/.img/.dwg	
9	地质点坐标	.xls/.xlsx	
10	钻孔柱状图	.dwg/.xls/.xlsx	
11	地质灾害分布	.dwg/.xls/.xlsx	
12	风化分层资料	.dwg/.xls/.xlsx	
13	踏勘报告	.dwg/.doc	
14	施工总布置地形图	.dwg	地质、施工
15	物探检测布置图及说明	.dwg/.doc/.docx	水工、施工、地质
16	建筑物、构筑物布置图及说明	.dwg/.doc/.docx	水工、施工

表 3.1-14　水工专业数据需求规格表

序号	数据种类	主要格式	上序专业
1	径流	.xls/.xlsx/.doc/.docx	水文
2	各频率洪水	.xls/.xlsx/.doc/.docx	水文
3	水位流量关系	.xls/.xlsx/.doc/.docx	水文
4	三维地质模型	.ipt/.dwg	地质

表 3.1-15　机电专业数据需求规格表

序号	数据种类	主要格式	上序专业
1	水文气象	.xls/.xlsx/.doc/.docx	水文
2	径流	.xls/.xlsx/.doc/.docx	水文
3	各频率洪水	.xls/.xlsx/.doc/.docx	水文
4	水位流量关系	.xls/.xlsx/.doc/.docx	水文
5	闸门/拦污栅孔口尺寸	.xls/.xlsx/.doc/.docx	水工、施工
6	闸门/拦污栅数量	.xls/.xlsx/.doc/.docx	水工、施工
7	闸门/拦污栅运行要求	.xls/.xlsx/.doc/.docx	水工、施工

表 3.1-16 施工专业数据需求规格表

序号	数据种类	主要格式	上序专业
1	枢纽三维建筑物	.dwg/.rvt/.sqlite/.ipt	水工
2	三维地质模型	.ipt/.dwg	地质
3	水文气象资料	xls/.xlsx/.doc/.docx	规划
4	设计洪峰流量	.xls/.xlsx/.doc/.docx	规划
5	各频率洪水	xls/.xlsx/.doc/.docx	规划
6	水位流量关系	xls/.xlsx/.doc/.docx	规划

表 3.1-17 监测专业数据需求规格表

序号	数据种类	主要格式	上序专业
1	水文气象资料	.doc/.dwg	规划
2	工程地质资料	.dwg/.txt/.shp/.tiff/.ipt	地质
3	主要建筑物布置	.dwg/.ipt/.rvt/.sat	水工
4	主要建筑物的稳定、应力和变形分析成果	.doc/.msh/.gsz	水工
5	施工总布置图	.dwg/.rvt/.sqlite/.ipt	施工
6	主要临建工程	.dwg/.ipt/.rvt/.sat	施工
7	库区滑坡体	.dwg/.txt/.shp/.tiff/.ipt	地质

表 3.1-18 水库专业数据需求规格表

序号	数据种类	主要格式	上序专业
1	地质点坐标	.xls/.xlsx	地质
2	地质灾害分布	.dwg/.xls/.xlsx	地质
3	风化分层资料	.dwg/.xls/.xlsx	地质
4	踏勘报告	.dwg/.doc	地质
5	主要地质灾害点	.xls/.xlsx/.doc/.docx	地质
6	主要不良地质体	.xls/.xlsx/.doc/.docx	地质
7	环保水保方案	.doc/.xls/.xlsx	环保
8	水文气象资料	.doc/.xls/.xlsx	规划
9	环保水保规划设计	.doc/.xls/.xlsx	环保
10	库周交通规划	.dwg	交通
11	安置点对外交通规划	.dwg	交通
12	“三通一平”	.dwg	建筑
13	集镇、安置点规划设计	.dwg	建筑

续表

序号	数 据 种 类	主 要 格 式	上 序 专 业
14	属地社会经济统计	.doc/.xls/.xlsx	
15	土地开发利用资料	.doc/.xls/.xlsx	
16	专业项目处理规划	.doc/.xls/.xlsx	建筑、交通、水工、施工
17	水库淹没区实物指标	.doc/.xls/.xlsx	
18	安置区环境容量资料	.doc/.xls/.xlsx	
19	农村移民安置方案	.doc/.xls/.xlsx	
20	专业项目处理施工图设计	.dwg	建筑、交通、水工、施工
21	防护工程施工图设计	.dwg	水工、施工
22	库底清理实施方案	.doc/.xls/.xlsx	

表 3.1-19 环境保护专业数据需求规格表

序号	数 据 种 类	主 要 格 式	上序专业
1	区域和工程地质资料	.doc	地质
2	水文、气象资料	.doc/.xsl	水文
3	流域特征	.doc/.xsl	水文
4	电站特征参数	.doc/.xsl	水工
5	径流数据	.doc/.xsl	水文
6	水位流量关系表	.doc/.xsl	规划
7	施工总布置图	.dwg	施工
8	施工进度计划	.doc/.dwg	施工
9	工程概况及相关设计资料	.doc/.dwg	水工、施工
10	料场及比价资料	.dwg	施工
11	环保工程措施及工程量	.img/其他	
12	渣场、土石料场及其他工程措施典型设计图	.dwg	施工
13	生活营地布置规划、占地、人数、供水规划	.dwg	施工

表 3.1-20 交通专业数据需求规格表

序号	数 据 种 类	主 要 格 式	上序专业
1	三维地质模型	.dwg/.dxf	地质
2	水文气象	xls/.xlsx/.doc/.docx	水文
3	交通布置（可行性研究/初步设计）	.dwg/.ipt/.fbx/.rvt	施工
4	安置点及库区淹没范围	.dwg/.dxf	水库

续表

序号	数据种类	主要格式	上序专业
5	市政管线种类及规模	.xls/.xlsx/.doc/.docx	
6	点云投影	.rcp	
7	点云扫描	.rcs	

3.1.3 基础数据采集与处理方法确立

在项目前期，特别是在规划阶段，投入往往有限，在非常有限的资金、人力、物力投入的条件下，很难开展详细实地考察与分析的工作。

乏信息勘察设计主要是采用互联网、GIS、BIM、3S等新一代信息技术和手段，实现项目前期规划的高效、高质、低成本的设计与应用，而且方案设计及其表现形式要完全摆脱死板的报告加照片的模式，应用三维BIM信息化、可视化的集成应用模式，实现多方案设计比选与形象化的表达和计算。具体数据采集与处理分为以下三个方面。

3.1.3.1 地形、地貌数据

地形数据的获取方法有多种途径，如：通过国内的地理空间数据云平台和美国的CGIAR-CSI（the CGIAR Consortium Spatial Information）平台等进行获取。

地貌数据主要基于Google Earth应用的公共平台，提取相关区域最近时间段的高清卫星影像数据，然后通过Civil 3D与InfraWorks两大三维编辑和分析平台的结合，将地形数据与地表卫星影像数据精确贴合生成可编辑的三维实景化地形地貌模型，从而为基础规划和计算分析提供数据及平台支持。

3.1.3.2 地质数据

根据项目前期设计需求，可通过全球大数据平台方式获取相关区域的区域地质图等数据。三维地质数据类型主要分为以下几种：

（1）地表数字高程模型（DEM）数据。地表数字高程模型数据用于生成三维地质结构模型顶面（地表面），可从国家地理信息中心等处获取各比例尺数据，并根据格式需要进行转换。或者使用地理信息系统软件自己进行地形图的制作。通过对纸质图纸数字化校正，提取等高线高程生成拓扑关系，然后进行系统内的内插值和裁剪，最终生成DEM数据。

（2）遥感影像数据。作为最直接和最体现时效性的数据形式，通过在模型

的表面贴图，可以高效率、高还原地表达真实的地表。鉴于数据量大，要选择较为合适的分辨率进行纹理映射，如 BMP、TIFF、GIF 等图像格式。

（3）地表地理信息数据。这些数据可以是野外采集而来，也可由专用 GIS 系统数据转换而来。

（4）钻孔数据。作为第一手资料，钻孔数据起着辅助生成模型和校正的作用，一般在 Excel 表或 Access 数据库中存放。

（5）地质平面数据。地质平面数据即地质平面图，反映各地层在地表出露的情况。

（6）剖面数据。一般是根据工作要求，按照钻孔信息绘制的地层断面图。

（7）地层等值线数据。地层等值线数据反映的是在空间维度上的底层界面变化。

（8）断层数据。断层表示地层的断裂和错动，它对地质研究、地质资源勘探、地下水流场分布、建模地质体生成、工区边界确定有重要的意义。

（9）物探数据。物探技术得到的等值线数据，便于建模系统插值拟合地层面或断层面。

（10）动态数据。动态数据是监测到的地下水位、水温等波动过程的信息，反映了河流径流的时空分布特征。

（11）其他相关文档资料。

3.1.3.3 水文气象资料

目前大部分国家和地区已经把当地水文气象资料及观测站数据作为公共数据资源，用于服务当地的建设需求。在项目前期，可通过当地或相关学术机构平台，获取公开的气象水文数据，或者通过其他公共服务平台检索主要规划区域的气象水文资料，一般可获取当地区域水文气象站的近 30 年甚至更长时段的数据，包括水文气象、风况、潮汐、海平面高程等数据资料。

3.1.3.4 交通及能源物资供应条件

通过全球官方网络数据收集与整理，可以全面地了解全球各地基本道路、铁路、航运、港口码头等的交通现状条件，并获取相关有用数据；水、电、物资供应条件也可以查询当地政府服务网站及生产企业网站，通过检索获取相关的能源及物资供应条件等信息。

3.1.3.5 社会经济及人文地理现状

目前全球社会经济及人文动态等相关信息基本都是全面公开的，每个地区区县都有相关的公开信息，通过网络定向检索和搜集整理，可以了解当地社会发展状况、民风民俗、经济状况、宗教信仰、人文特色、政治格局等信息，作为工程规划设计的重要参考。

3.1.3.6 自然环境条件

通过当地官方网站及相关学术网站数据，可初步调查相关规划区域的自然情况，可搜集整理重点自然保护区及相关国家公园的范围及基本情况，并准确进行区域定位，作为规划设计及布置的重要参考。

在数据处理与信息挖掘方面，项目前期规划设计的重点是整体方案的功能规划，对于细节的数据精度要求较低，故对于地形地质等基础数据，根据实际需要将地形山坡山谷走向严重偏差的部分进行纠正处理后即可初步满足使用要求，对局部重点关注区域可以通过实地考察进行精确纠正。其他相关资料数据一般种类较多、组织较复杂，需进行数据分类和应用分析，然后通过系统组织，挖掘出有用的数据进行应用，一般可以满足项目前期规划设计各专业需求。

在信息匹配与应用方面，项目前期规划设计需针对不同阶段信息数据需求进行综合分析后才能满足相关应用需求。

（1）项目多方案的规划设计与方案比选阶段：地形数据获取与修正、大比例区域地质图分析与解译、高清晰度卫星影像数据获取与解译，人文、社会、自然环境等因素的比对和经济性的考量等。

（2）基本方案确立阶段：主体及配套工程的基本布置及规模设定、局部重点关注区域信息资料的实地获取与耦合应用。

（3）基本方案的细化设计与方案生成阶段：整体方案主体及配套建筑物和相关设施等的外形、结构、功能等的细化设计与信息建模，各专业建筑、设施等模型与信息的总体集成与成果输出。

3.1.4 基础数据融合

综合勘察设计所需的数据类型十分广泛。根据多源数据进行模型建立是勘察设计的特点，而模型构建的关键是将这些数据有效地融合以提高模型的精度和可靠性。一般通过统一建模数据的坐标系和比例尺、多源数据预处理和构建原始资料数据库来进行数据融合，此外还可以通过对不同地表数据的融合、地表数据与地下数据的融合、不同精度数据的融合（分为建模单元的确定、MT、CSAMT 剖面的三维解译）、主要建模数据与次要建模数据的融合进行数据融合。

3.1.5 三维概念化设计

3.1.5.1 基于 HydroBIM－3S 集成技术的乏信息综合勘察设计

乏信息综合勘察设计技术与传统勘察设计手段相比，最大的特点在于现场数据较少、各类数据来源可靠性差、数据结构复杂、使用难度大。然而水电工程勘察设计的基础仍然是对各类基础地理信息数据加工、分析、利用。针对数据应用流程，利用 3S 集成技术在水电工程勘察过程中进行管理，充分发挥其对于基础地理空间信息的加工与应用优势，是实现乏信息综合勘察设计技术的关键。具体在实施过程中，分别针对乏信息数据的资料收集与整编、成果数据的应用进行实现，以 3S 集成技术为主导、数据应用流程为核心，服务于各参与乏信息勘测的各专业，实现乏信息综合勘察设计过程。

在基于 HydroBIM－3S 集成技术的乏信息综合勘察设计技术体系设计过程中，首先划分专业角色，指定各参与角色的职责，具体要求如下：

（1）工程项目负责人发起并组织相关专业开展基础资料收集与整编。

（2）工程项目负责人应对基础资料提出类型、精度、范围、提供时间、资料格式及专业配合接口等具体要求。

（3）测绘、地质、水文、气象、水库、交通、施工、造价等专业负责归口管理本专业基础资料的收集、整编、存储与归档。

（4）各专业分析、计算、设计及验证应当全面采用三维 CAD/CAE 技术、3S 技术及数学模型进行。

（5）项目负责人在工作开始前，应明确各设计专业负责人，在协同工作中，各专业设计负责人应积极与上、下序专业负责人沟通，保障项目的有序开展。

（6）专业负责人应按照相关规程规定的各类接口及要求，按项目进度需求提供本专业成果。

（7）各专业在开展设计工作时，应充分考虑各工程量价格问题，在达到设计目的的同时，尽量降低工程造价，以提高产品的市场竞争力。

在指定各专业参与者职责的基础上，对各专业涉及的数据流进行梳理并做出具体规定，以指导基于 HydroBIM－3S 集成技术的乏信息勘察设计工作开展。

3.1.5.2 BIM 应用平台

项目前期规划设计主要以 ArcGIS、Global Mapper 等作为基础数据的 GIS

分析处理平台；以 Civil 3D、Revit、Inventor 等为各专业 BIM 建模平台，以 AIW（Autodesk InfraWorks）为工程总体方案布置的可视化和信息化集成和展示平台。

3.1.5.3 多专业协同

水电工程涉及专业众多，前期主要涉及规划、测绘、地质、水工、机电、施工等，各专业需要密切配合并相互提供技术支持才能有效开展项目规划工作。在目前多专业协同中，枢纽布置设计主要应用 ProjectWise 协同管理平台建立项目独立数据空间和任务，然后通过 WBS 任务分解方法建立系统框架，综合利用 Civil 3D 及 InfraWorks 基础设施三维数字化设计平台的强大设计及布置功能进行三维数字化设计工作，帮助各专业实现信息共享与专业协同，进行项目整体设计的统一控制与管理。

（1）规划、测绘及地质专业利用 GIS 平台对基本地形、地貌、地质数据进行分析和处理。

（2）主体专业，根据相关设计规范进行相关区域规划的多方案初步比选布置，通过三维数字化处理与分析，结合地貌、水文气象条件、交通条件、社会条件、自然条件的初步分析成果，进行整体设计的多方案布置与综合比选。

（3）通过多方案比选，主体规划方案由水工、施工等专业利用 Civil 3D 及 InfraWorks 等三维数字化设计平台，进行基本方案初步布置与任务分解。

（4）各专业利用 Civil 3D、Revit、Inventor 等进行相关建筑物的细化设计和建模分析，并计算相关工程量。

（5）完成各专业协同设计匹配后，应用 InfraWorks 将设计模型和信息进行可视化及信息化的总装集成和应用。

3.1.5.4 多维信息模型集成应用

通过各专业模型和信息的总体集成和应用，形成总体方案可交互的信息模型，从而可实现项目成果的多功能应用，如：三维视图、模型信息、关联文件、互动漫游、汇报视频等的实时输出与编辑等。

3.1.6 BIM 模型创建与应用

根据水电工程的设计工作流程，结合地质勘察相关数据的特点，某水电站项目有针对性地建立了集成多源数据、覆盖全部设计过程、适用全阶段的三维地质模型，真正实现三维地质建模技术在水电工程全阶段中的运用，全面准确地展现了各阶段工程地质条件，实现了地质模型与设计模型的融合，实现了地质与设计的三维无缝对接；并实现了坝基的三维地质资料收集及展示，直观、准确呈现坝基开挖面地质条件，为坝基的开挖设计及帷幕灌浆检查孔的布置提供准确依据。

3.1.6.1 三维地质建模

三维地质建模流程：首先导入测绘专业提供的地形面，整理各类原始资料得到空间点线数据；然后根据各类勘探点数据绘制建模区的三角化控制剖面，并根据各类地质对象的特点绘制特征辅助剖面以对建模数据进行加密，得到各类地质对象的控制线模型，通过拟合算法即可得到各类地质对象的初步面模型，通过剪切、合并等操作形成三维地质面模型，通过围合操作得到三维地质围合面模型，通过实体切割操作得到三维地质体模型。枢纽区整体地质模型示例如图 3.1－1 所示。

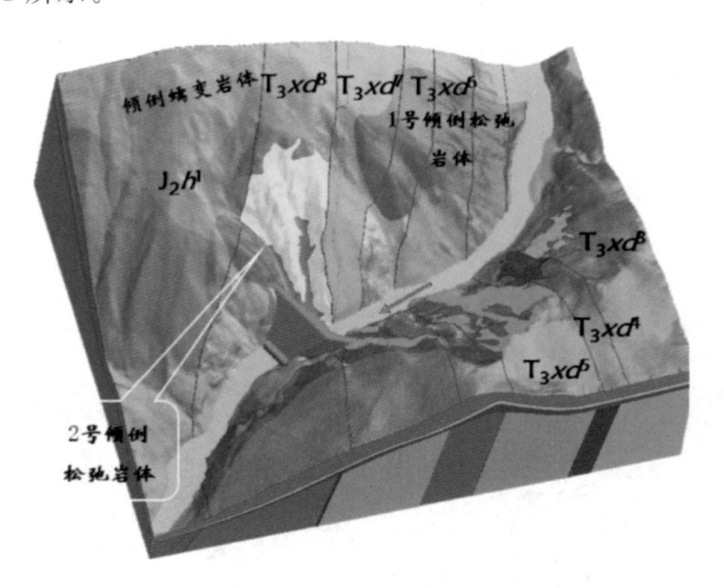

图 3.1－1 枢纽区整体地质模型示例

三维地质建模在预可行性研究、可行性研究及施工详图阶段的应用如下：

（1）预可行性研究、可行性研究阶段水利水电工程三维地质建模的第一步是根据前期勘测的各种成果通过纸质文件的数字化、多种坐标的转换、GIS 数据的导入、面模型的导入、对象属性的集中管理等工作，为三维地质建模提供基础数据。第二步是三维地质建模，其范围覆盖了整个坝址区，完成了地层面、风化面、卸荷面、水位面、吕荣面、构造面、不同堆积体分层面等各种地质对象的建模。地下厂区和局部地质模型示例分别如图 3.1－2 和图 3.1－3

所示。

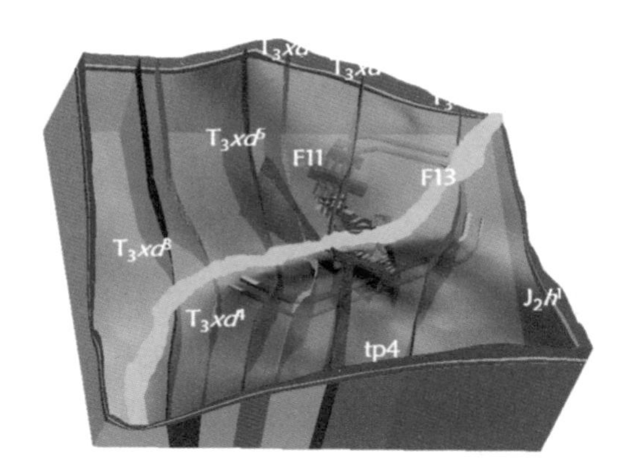

图 3.1-2 地下厂区地质模型示例

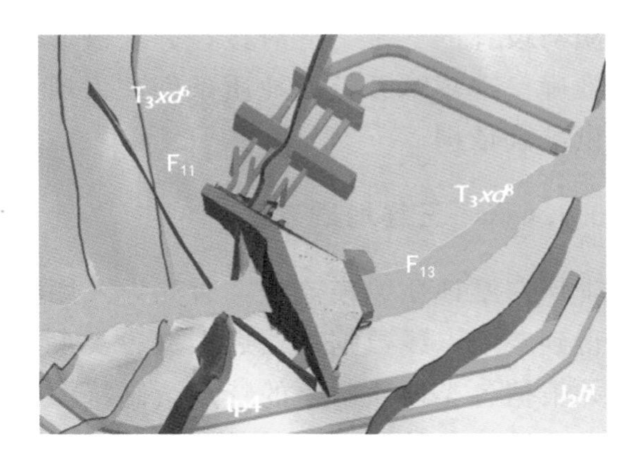

图 3.1-3 局部地质模型示例

（2）施工详图阶段三维地质建模的深化应用主要是完成基础资料的复核和展示、开挖坝基的三维地质建模；三维开挖面上完成现场资料的复核和展示，并结合坝基收资成果，完成包括地层、岩性、结构面等信息的坝基三维地质模型；并通过曲面网格化技术完成建筑物模型与三维地质模型的融合，完成地质成果与设计成果的集成展示和应用。地质模型与建筑物的融合模型示例如图3.1-4所示。

图 3.1-4 地质模型与建筑物的融合模型示例

3.1.6.2 水工 HydroBIM 模型

1. 水工 HydroBIM 模型的建立

水利水电行业的三维设计不同于民用建筑行业的三维设计，水工建筑物体型有时比较特殊和复杂。目前 Revit Architecture 软件已有的一些族只适合在建筑上应用，而不适合在水利水电行业中应用，所以需建立一系列专业族来提高工作效率。

为提高水工 HydroBIM 模型建立效率，利用软件中强大的模块化设计功能将牛腿柱、屋面大梁、挡墙等纳入标准化的专业构件族库中，以后就可以摆脱这些重复性的基础工作，利用丰富的参数来控制族的变化。某水电站坝体三维模型如图 3.1-5 所示。

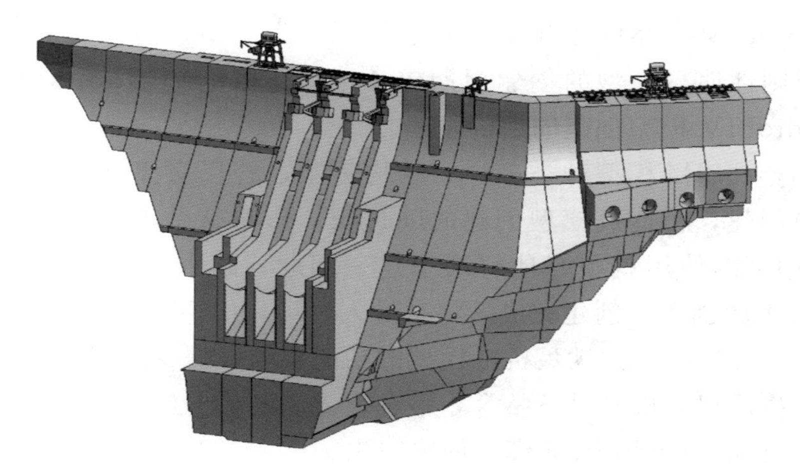

图 3.1-5 某水电站坝体三维模型

为满足材料分区、工程量、质量验收等信息关联的要求，水工 HydroBIM 建模时采用分块建立模型后组合的方式。根据阶段的不同，采用不同的建模精度。

预可行性研究阶段和可行性研究阶段确定了枢纽的具体类型、建设位置等信息。招标设计与施工图阶段确定了枢纽模型的设计方案，各个标段的招投标方、合同信息以及项目策划内容，模型细化到标段，即单项工程。

2. 水工 HydroBIM 模型属性信息的绑定

水工 HydroBIM 模型属性信息的绑定主要分为两种方式：①直接将数据信息集成入 IFC 文件；②将数据信息录入数据库，通过数据库对模型和信息进行关联。

针对水工 BIM 模型与进度、费用、监控数据等信息关联性高的特点，采用模型全局唯一标识符（Globally Unique Identifier，GUID）与数据库信息关联的方式，动态地与模型进行绑定。信息与模型动态关联可实现模型信息的实时更新，使得管理人员可以对施工进度情况、费用预算使用情况、合同完成情况等进行实时的把控。

对于水工 HydroBIM 模型中材料、体积、承包单位等确定性强，基本不随工程建设的进展而改变的数据，通常采用对 Revit 进行二次开发的方式对 IFC 属性进行扩展，从而集成入 IFC 模型中。

在数据及模型可视化展示时，通过 BIM 服务器对 IFC 模型文件进行解析，输出三维几何数据、空间数据及其他 BIM 模型中的非几何信息。

3.1.6.3 机电 HydroBIM 模型

1. 机电 HydroBIM 模型的建立

在 HydroBIM 模型的创建中，机电模型最为复杂，其种类的多样性以及形体的不规则性使得模型的创建周期较长，因此机电 HydroBIM 模型的创建周期是 HydroBIM 模型创建周期的主线。

机电 HydroBIM 模型种类多样、结构复杂，若厂房模型与机电模型在同一个模型中创建，将造成模型创建时间过长，影响整个 HydroBIM 建模的效率，Revit 中族的使用就很好地解决了这一问题。某水电站项目机电 HydroBIM 模型均由族创建，创建完成后将其导入到项目中。

模型导入完成后，为满足机电模型的功能要求，需在适当位置添加管道和预埋电线，将厂房和机电设备整合，整合完成后的机电模型可进行工作模拟和数值分析。自此，HydroBIM 模型创建完成。

2. 机电 HydroBIM 模型属性信息的绑定

在规划设计阶段，机电模型属性信息的绑定根据信息特性的不同分为直接绑定和动态添加两种。直接绑定的方式具有模型与信息一体、不依赖数据库、便于交付的特点。动态添加具有灵活性高，可实时添加和修改模型绑定信息的特点。

预可行性研究阶段和可行性研究阶段的机电与金属结构部分明确了机电与金属结构的设备类型与建设方案。招标设计与施工图阶段确定了机电类型、招标、合同信息以及布置与安装方式。针对设备类型、机电型号等实时性不强、动态性较低的数据，采用直接使用 Revit 在建模时赋予的方式，将数据直接与机电设备模型绑定。对于招标、合同信息等实时性较强，需随时更改和添加的信息，采用通过 GUID 与数据库中信息关联的方式进行动态添加。

3.1.6.4 模型深化设计

深化设计是指在工程施工过程中对招标图纸或原施工图的补充与完善，将施工图进一步细化，使之变为可实时操作的图纸。同时，针对施工图与实际施工的冲突，进行深化设计，修改图纸，使之满足实际施工情况。

在水电厂房的工程项目设计中，管线的布置系统繁多、布局复杂，常常出现管线之间或管线与结构构件之间发生交叉的情况，给施工带来麻烦，影响建筑室内净高，造成返工或浪费，甚至存在安全隐患。

在项目规划设计过程中，基于HydroBIM模型，利用碰撞检验的方法对管线布置综合平衡进行深化设计。通过将相关电器专业施工图中的管线综合到一起，检测其中存在的施工交叉点或无法施工部位的方式，并在既不改变原设计的机电工程各系统的设备、材料、规格、型号又不改变原有使用功能的前提下，按照管道避让原则以及相应的施工原则，布置设备系统的管路。管路原则上只做位置的移动，不做功能上的调整，使之布局更趋合理，进行优化设计，既能合理施工又可节省工程造价。

建模的过程同时也是一次全面的“三维校审”过程。在此过程中可发现大量隐藏的设计问题，这些问题往往不涉及规范，但跟专业配合紧密相关，或者属于空间高度上的冲突，在传统的单专业校审过程中很难被发现。

在深化设计的图纸修改过程中，HydroBIM模型具有出图效率高、多专业图纸协同效果好、避免图纸多次修改的优点。

与传统2D深化设计对比，BIM技术在深化设计中的优势主要体现在以下几个方面：

（1）三维可视化，直观把控项目设计。传统的平面设计成果为一张张的平面图，并不直观，而采用三维可视化的BIM技术可以使项目完工后的状貌在施工前就呈现出来，表达上直观清楚。模型均按真实尺度建模，传统表达予以省略的部分均得以展现，从而发现专业配合导致的设计上的缺陷。某水电站泄水闸门整体布局三维可视化模型如图3.1-6所示。

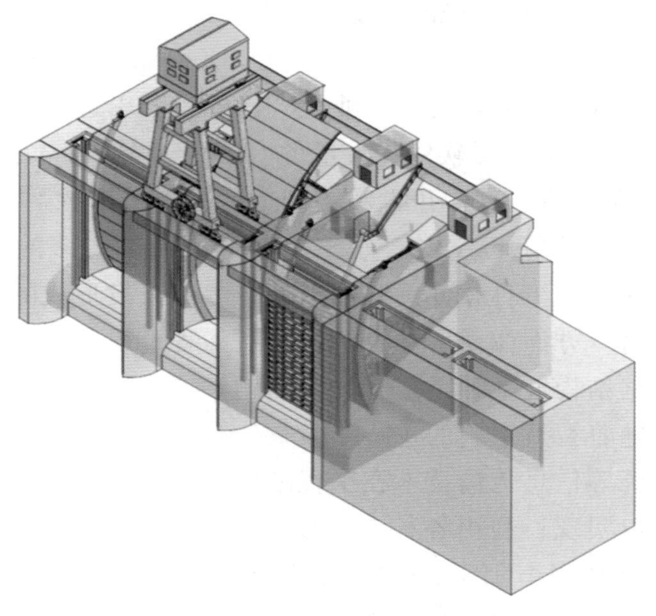

图3.1-6 某水电站泄水闸门整体布局三维可视化模型

（2）专业间结合，有效解决专业配合问题。传统的二维图纸往往不能全面反映个体在各专业各系统之间交叉的可能，同时二维设计的离散型为不可预见性，也将使设计人员疏漏掉一些管线交叉的问题。利用BIM技术可以在管线综合平衡设计时，利用其交叉检测的功能，将交叉点尽早地反馈给设计人员，与业主、顾问进行及时的协调沟通，在深化设计阶段尽量减少现场的管线交叉和返工现象。这不仅能及时排除项目施工环节中可能遇到的交叉冲突，显著减少由此产生的变更申请，而且大大提高了施工现场的生产效率，降低了施工协调造成的成本增长和工期延误。

（3）信息实时更新，提高项目管理水平。HydroBIM模型通过一个综合协同的仿真数字化、可视化平台，让工程参建各方均能全面清楚地掌握项目进程，精确定位项目中存在的问题，从而避免返工和工期延误损失。同时，让管理者能够实时地把控项目各项工作进度，提高项目管理水平，便于项目顺利实施。

（4）模型直接出图，提高出图效率。与传统二维出图不同，HydroBIM模型采用先建立三维BIM模型，再根据三维BIM模型剖切出图的方式。俯视图、剖视图等工程图纸可通过BIM模型完成快速出图，减少了传统二维出图方式中单个构件多个图纸分别绘制所产生的工作量，大幅度提高了出图效率。需要对图纸进行修改时，仅对BIM模型进行修改后重新出图，避免了对多个图纸进行修改。

3.2 乏信息综合勘察数据集成

随着计算机技术的发展，工程行业至今已开发和引进了上千个信息系统软件，如大量的CAD辅助制图软件、大量的GIS管理软件、大量的数据库软件等。这些软件一部分属于通用的和专业无关的工具软件，如AutoCAD、Inventor、Revit、Civil 3D、ArcGIS、SQL Server等，更多的是围绕某个具体工程的实际需求在以上工具软件的基础上进行二次开发形成的软件，多属于专业应用型软件。这一方面体现了计算机技术在工程地质行业的广泛普及，另一方面也带来了数据结构混乱和重复开发等问题，造成了大量的资源浪费和一系列的信息孤岛。随着智慧水利的进一步发展，遥感、摄影测量、互联网、5G、物联网以及云计算等信息传输技术在工程勘察中逐渐被广泛应用，使工程勘察全过程智能化得以实现；利用各种专业软件及BIM技术开展高效、快捷的三维标准设计；利用BIM+GIS、大数据、计算机等信息化管理技术，实现勘察设计工作的协同化、平台化、智能化。

3.2.1 BIM/CAE 数据融合

3.2.1.1 数据融合的技术

1. 数据融合的概念

数据融合的概念虽始于20世纪70年代初期，但真正的技术进步和发展却是从20世纪80年代开始的，在21世纪初期引起了世界范围内的普遍关注，美国、英国、日本、德国、意大利等发达国家不但在所部署的一些重大研究项目上取得了突破性进展，而且已陆续开发出一些实用性系统投入实际应用和运行。不少数据融合技术的研究成果和实用系统已在实践中得到验证，取得了理想的效果。

我国“八五”规划已把数据融合技术列为发展计算机技术的关键技术之一，并部署了一些重点研究项目，尽可能给予了适当的经费投入。但当前所面临的挑战和困难仍然十分严峻，当然也有机遇并存。

数据融合技术是指利用计算机对按时序获得的若干观测信息，在一定准则下加以自动分析、综合，以完成所需的决策和评估任务而进行的信息处理技术。它包括对各种信息源给出的有用信息的采集、传输、综合、过滤、相关及合成，以便辅助人们进行环境判定以及规划、探测、验证、诊断。

2. 数据融合的分类

水利水电工程数据量庞大、数据结构复杂、数据信息难以有个统一的标准，因此可以在水利水电工程中借用数据融合的概念来为水利水电工程服务。数据融合可以分为数据层融合、特征层融合和决策层融合。

（1）数据层融合。它是直接在采集到的原始数据层上进行的融合，在各种传感器的原始测报未经预处理之前就进行数据的综合与分析。数据层融合一般采用集中式融合体系进行融合处理过程。这是低层次的融合，如成像传感器中通过对包含某一像素的模糊图像进行图像处理来确认目标属性的过程就属于数据层融合。

（2）特征层融合。特征层融合属于中间层次的融合，它先对来自传感器的原始信息进行特征提取（特征可以是目标的边缘、方向、速度等），然后对特征信息进行综合分析和处理。特征层融合的优点在于实现了可观的信息压缩，有利于实时处理，并且由于所提取的特征直接与决策分析有关，融合结果能最大限度地给出决策分析所需要的特征信息。特征层融合一般采用分布式或集中式的融合体系。特征层融合可分为两大类：一类是目标状态融合；另一类是目标特性融合。

（3）决策层融合。决策层融合采用不同类型的传感器观测同一个目标，每个传感器在本地完成基本的处理，包括预处理、特征抽取、识别或判决，以建立对所观察目标的初步结论；然后通过关联处理进行决策层融合判决，最终获得联合推断结果。

3. 数据融合的方法

随着水利水电行业BIM的不断发展，对数据的准确性和广泛覆盖性提出了更高的要求，在此基础上，不同的数据融合模型被引进并应用于水利行业中。现阶段，比较常用的数据融合方法主要有表决法、模糊逻辑、贝叶斯方法、神经网络、卡尔曼滤波、D-S证据推理等。

现有融合方法优缺点主要是各种融合方法的理论、应用原理等的不同，呈现出的不同特性。以下从理论成熟度、运算量、通用性和应用难度四个方面进行优缺点的比较分析。

（1）理论成熟度方面：卡尔曼滤波、贝叶斯方法、神经网络和模糊逻辑的理论已经基本趋于成熟；D-S证据推理在合成规则的合理性方面还存有异议；表决法的理论还处于逐步完善阶段。

（2）运算量方面：运算量较大的有贝叶斯方法、D-S证据推理和神经网络，其中贝叶斯方法会因保证系统的相关性和一致性，在系统增加或删除一个规则时，需要重新计算所有概率，运算量大；D-S证据推理的运算量呈指数增长；运算量适中的有卡尔曼滤波、模糊逻辑和表决法。

（3）通用性方面：在这六种方法中，通用性较差的是表决法，因为表决法为了迁就原来产生的框架，会割舍具体领域的知识，造成其通用性较差；其他五种方法的通用性较强。

（4）应用难度方面：应用难度较高的有神经网络、模糊逻辑和表决法。因为它们都是模拟人的思维过程，需要较强的理论基础；D-S证据推理的应用难度适中，因其合成规则的难易而定：卡尔曼滤波和贝叶斯方法应用难度较低。

3.2.1.2 BIM/CAE数据融合标准

要想实现BIM数据与CAE计算数据的融合，前提是要有统一的数据格式标准，在这里就不得不重新提到BIM中的IFC标准。本章详细介绍IFC模型的压缩问题，为使数据更好地融合，IFC数据模型在不丢失信息的前提下要进行适当的压缩。对于一些项目来说，过度冗余的BIM运维模型不仅会使得应用软件占用过大计算机内存，导致BIM模型的解析、渲染等过程变得吃力，也会降低需求信息的搜寻速度，影响轻量化显示效果，而BIM模型轻量化显示有以下解决方案。

1. 几何转换

在几何转换过程中：微观层面的优化可以将单个的构件进行轻量化，例如一个圆柱体，可通过参数化的方法做圆柱的轻量化等；宏观层面的优化可以采用相似性算法减少图元数量，做图元合并，例如保留一个圆柱的数据，其他圆柱记录一个引用加空间坐标即可，通过这种方式可以有效减少图元数量，达到轻量化的目的。

2. 渲染处理

在渲染处理过程中，微观层面的优化是利用多重细节层次（Levels of Detail，LOD），加速单图元渲染速度，多重 LOD 用不同级别的几何体来表示物体，距离越远加载的模型越粗糙，距离越近加载的模型越精细，从而在不影响视觉效果的前提下提高显示效率并降低存储。根据公式：单次渲染体量＝图元数量×图元精度，可以得到两点结果：①视点距离远的情况下，图元数量虽然多，但是图元精度比较低，所以体量可控；②视点距离近的情况下，图元精度虽然高，但是图元数量比较少，体量依然可控。

宏观层面的优化可以采用遮挡剔除、减少渲染图元数量的方法，对图元做八叉树空间索引，然后根据视点计算场景中要剔除掉的图元，只绘制可见的图元；也可以采用批量绘制，提升渲染流畅度的方法。众所周知绘制调用非常耗费 CPU，并且通常会造成 GPU 时间闲置。为了优化性能、平衡 CPU 和 GPU 负载，可以将具有相同状态（例如相同材质）的物体合并到一次绘制调用中，这叫作批次绘制调用。

轻量化技术方案主要从几何转换、渲染处理两个环节着手进行优化，权衡技术利弊及应用需求，而理想的技术方案为：①轻量化模型数据＝参数化几何描述（必须）＋相似性图元合并；②提升渲染效果＝遮挡剔除＋批量绘制＋LOD（可选）。另外，多线程调度、动态磁盘交换、首帧渲染优化也可以大大加速渲染效率。利用开发系统间数据接口和数据模型轻量化解决方案，可以达到在不丢失模型信息的前提下将不同 BIM 模型进行整合，并可支持轻量化发布至现有 BIM 平台的目的。

BIM 模型轻量化发布后，其数据量将会大大减少，这样在不考虑数据格式的情况下，单从数据量的角度出发会使 BIM/CAE 数据融合效果更好。

3.2.2 BIM/GIS 数据融合

3.2.2.1 BIM 数据融合标准

BIM 模型在向 GIS 模型转化的过程中涉及几何数据的转换、坐标系统的转换、属性数据的转换等问题。

传统的二者融合很少考虑这些因素，造成了 BIM 和 GIS 的融合不是真融合。

图3.2-1所示为数据融合传统方法和本书方法的区别，可以看出传统方法中的融合容易造成属性丢失，想要实现BIM和GIS融合方法对建筑的组织管理，需要对模型进行单个切割，把同一图层下的实体分开，方法烦琐，同时没有考虑坐标系转换所导致的融合不具备实用价值问题，而本书考虑了这些因素，利用创新的方法探索了在尽量减少信息丢失情况下BIM和GIS的融合，并最终选择了适合的3D GIS平台对融合模型进行组织管理和空间分析展示。

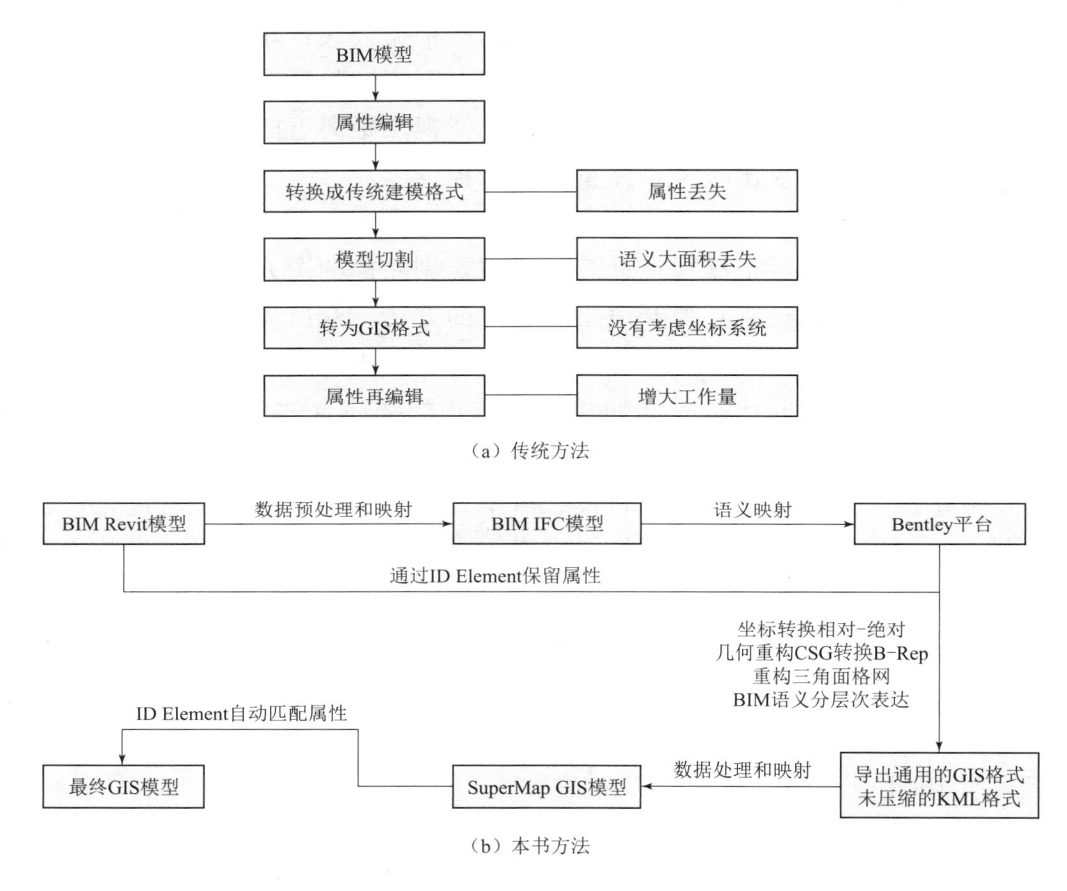

图3.2-1 数据融合传统方法和本书方法的区别

1. 几何图形数据的转换

几何图形数据的转换基本包括通用的格式、尽量完整的映射、几何重构、几何语义的过滤。本书选取的是Revit建模，而Revit的数据格式rvt不是开源的数据格式，对于BIM模型之间的互通以及BIM和GIS之间的模型转换都会造成障碍。相对于rvt格式，IFC格式则是BIM行业通用的数据格式。

IFC是由国际协同联盟制定的标准。它是建筑行业应用最广泛、最详尽、最通用的标准，基于 Express 语言。IFC 语义丰富，包含 207 个枚举类型、60 个选择类型、776 个实体、47 个函数等。IFC 模型以树状结构层层包含构件要素，例如建筑物由多个楼层组成，楼层又以多个房间组成，房间又以内部许多构件组成。IFC 模型中包含 4 个不同的层次，包括资源层、核心层、信息交换层以及专业领域层。IFC 标准数据文件有很好的平台无关性，它作为一种中性的数据文件具有良好的自描述能力，不会因为相关软件系统的废弃而造成信息流失。

BIM 模型大部分是实体几何构建法，而 GIS 的表达格式大部分是表面边界法。由一个实体转换为表面模型需要用到扫描法，扫描过后需要对扫描的模型进行三角形格网划分来得到 3D GIS 的表面模型，模型的结构发生了变化但是模型的语义并没有发生变化，因此还需要进行 IFC 模型向 3D GIS 模型的几何语义重构。

2. 坐标系的转换

Revit 下建模只有独立的项目坐标系，而 GIS 平台处在世界坐标系下，所以需要进行坐标转换。不同坐标系间的转换常用的三种模型是布尔莎七参数模型、莫洛金斯基模型、武测模型。

3. 属性数据的转换

BIM 模型属性信息丰富，传统的转换过程中只是将 BIM 模型进行三维展示，很多属性信息在转换的过程中丢失了，无法实现空间管理功能。为了让 3D GIS 模型实现空间组织管理功能，需要想办法将 BIM 模型中的属性信息也融合到 3D GIS 模型中。Revit 模型由一系列图元 Element 组成，每个图元都有独一无二的 ElementID，ElementID 对图元的识别起着重要作用。

在了解到 ElementID 是图元构件特有的“身份证”后，就可以利用数据库与 GIS 平台以 Element 为桥梁进行属性链接。数据库选择 Revit 支持的 ODBC 数据库。

公开数据库互联（Open Database Connectivity，ODBC）可以处理多种数据库之间的互通，它建立的 ODBC 标准被 SQL Server、Access、Oracle、Foxpro 等数据库作为准则，数据库提供了标准的 API 接口可以访问，这些 API 接口也可以利用 SQL 语句进行查询，数据跨平台间的互通十分方便。

ODBC 数据库应用程序负责调用 ODBC 函数，通过 SQL 语句向数据库管理系统（Database Management System，DBMS）发送指令处理信息。ODBC 数据库内有一个驱动程序管理器，它负责链接各种平台的数据库系统（Database System，DBS）。通过驱动程序 DB（Database）链接到对应的数据源（Data Source Name，DSN）所存储的信息，使用 ODBC 数据库需要根据系统的情况选择。

上述导出的数据可以和最终平台导入的模型数据进行链接，通过模型数据集中储存的 udb 文档数据 ElementID 字段和导出的 ODBC Access 属性数据库中储存的 ElementID 字段进行同类型字段自动匹配，可以将 BIM 模型中的数据属性最终导入 GIS 平台。

3.2.2.2 BIM 与 GIS 的融合方法

BIM 技术主要应用于单体建筑，其属性信息可以精细到构件级别，具有可视化程度高、建筑信息全面、协调性好等优势。但是对于整个园区或城区这样的宏观建筑群，BIM 技术则表现出宏观模型建模能力差、模型数据量大、可视化预处理时间长等弊端。经过几十年的研究与应用，GIS 技术已经较为成熟，能够很好地处理海量的大范围地形数据，计算效率较高，系统运行流畅，对于宏观模型展示具有独特的优势；但是对于微观模型的展示则是其短板，它无法创建精细化的建筑模型，模型信息粗略。因此，把 BIM 与 GIS 技术结合起来，可以同时展示微观与宏观数据，为工程可视化及管理提供更丰富、全面的信息。

建筑信息模型（BIM）和地理信息系统（GIS）都是工程建设领域广泛应用的信息技术。BIM 是以三维数字技术为基础、集成了建筑工程项目各种相关信息的数据模型，是对工程项目设施实体与功能特性的数字化表达。GIS 是一种具有信息系统空间专业形式的数据管理系统，且三维 GIS 技术突破了传统二维平面中空间信息可视化能力的局限，使得建筑物和地形环境的空间结构与相互关系得到展示，并且面向从微观到宏观的海量三维地理空间数据的存储。

BIM 表达的是单一建筑或建筑群的细节，无法承载大范围的海量地形数据，也不具备对地理信息进行分析和对建筑周边环境进行整体展示的功能。而三维 GIS 可以完成建筑的地理位置定位和空间分布展示，它具有强大的收集、存储、分析、管理和呈现与地理位置相关的数据的能力，被较多应用于室外空间规划、选址、拓扑分析等。BIM 模型包含几何、物理、规则等丰富的建筑空间和语义信息，如果精细程度高，可以用来弥补三维 GIS 建模精度不高的问题，将 BIM 与 GIS 有效结合可以实现对工程建设领域全生命期的管理。

BIM 与 GIS 均有各自的优势与不足，将 BIM 和 GIS 进行优势互补并有效地结合，一方面可以使已有的三维模型得到极大重用，大量高精度的 BIM 模型可作为 GIS 系统中一个重要的数据来源；另一方面，可以深化多领域的协同应用，包括景观规划、建筑设计分析、室内导航、轨道交通建设等，还可实现从几何到物理和功能特性的综合数字化表达，从各专业分散的信息传递到多专业协同的信息共享服务，从各阶段独立应用到设计、施工、运行与维护全生命期共享应用。总之，将BIM模型包含的微观领域信息和GIS模型包含的宏观领域信息进行融合互补，满足查询与分析空间信息的功能需求，是工程建设未来的发展方向。BIM和GIS整合已渐渐成为业内的焦点。

通过文献调研分析，总结出BIM与GIS融合的方法大体上主要分为两种：①基于软件平台的BIM与GIS数据融合方法；②基于IFC与CityGML标准的BIM与GIS数据融合方法。

1. 基于软件平台的BIM与GIS数据融合方法

平台结合主要是利用BIM技术建模，在GIS平台上形成三维可视化系统，并在此基础上实现信息查询、漫游、分析、管理、开发等应用功能，使物体的空间信息得以完全展示和应用。当前，较为主流的BIM建模工具有Autodesk公司的Revit、Bentley公司的Bentley等；主流GIS平台包括Google公司的Google Earth、ESRI公司的ArcGIS、NASA的World Wind、Skyline Software公司的Skyline等。我国自主研发的GIS应用平台工具如SuperMap、CityMaker等也同样都具备三维可视化的应用功能。根据文献调研总结软件平台的BIM与GIS数据融合方法，并依据不同的平台做出基于软件平台的BIM与GIS数据融合方法分类总结（表3.2-1）。

表3.2-1 基于软件平台的BIM与GIS数据融合方法分类总结

平台及工具		方法概述
与BIM结合使用的GIS相关平台	Google Earth	基于BIM与GIS技术在场地分析应用上采用CGB（CAD/Google Earth/BIM）架构，将有关资讯整合至BIM模型以Google Earth呈现
	ArcGIS	以ArcGIS为可视化平台进行二次开发，开发基于GIS和BIM的铁路信号设备数据管理及维护系统。创建了一个直观可视的数据管理和维护平台，可以达到优化工程设计及施工、提高工程质量、实现资源最大化合理利用的目的
	World Wind	World Wind平台作为一个独立的插件实现了GIS与BIM平台的无缝衔接，两个平台通过共享地理空间位置进行数据交流，基于此就可以获取World Wind平台中此位置的日照、海拔、气候、地震等信息

续表

平台及工具		方法概述
与BIM结合使用的GIS相关平台	SuperMap	应用AutoCAD、Revit进行建模，结合SuperMap软件平台进行二次开发，建立了校园地下管网的三维可视化系统，并提取管网模型信息，实现碰撞检测及工程量统计等实际应用，为工程全生命周期的管理提供依据
	Skyline	基于Skyline平台进行二次开发，简化了底层开发工作，将BIM模型、地形数据集成到三维GIS平台中，实现了建筑设计数据与基础地理空间信息的可视化展示
		针对Skyline和Navisworks进行二次开发，实现视点统一，解决3D GIS向BIM软件的视角转换，为后续BIM和3D GIS集成应用打下基础

鉴于GIS和BIM集成的强大优势，寻求GIS与BIM数据可以融合使用的软件平台，也是当今工程建设领域发展的一个迫切问题。但是，从表3.2-1的分类总结来看，基于软件平台的数据融合方法表明三维BIM与GIS模型能联合到同一个平台的只有外观展示功能，只能在建模过程中搭配使用，各自的强大分析功能依旧没有一个很好的办法集成，BIM模型虽然能放到GIS平台展示，但其开展3D室内漫游，进行建筑内部管线搭设布局、碰撞检测，抽取施工图纸等功能只能在BIM软件中做到。目前尚无具有明显优势的BIM与GIS联合应用平台，还有待开发。而利用IFC与CityGML标准结合BIM与GIS通过数据共享可以使CityGML中兼容IFC，提供准确、详细的细节数据，借助软件平台，直接添加BIM模型到GIS系统中展示，并且BIM在GIS系统中共享显示。

2. 基于IFC与CityGML标准的BIM与GIS数据融合方法

近几年，不同领域空间数据标准的制定和领域间信息的共享成了推动空间信息技术及其应用发展的重要驱动力。学者开始致力于解决BIM和GIS两个领域的数据共享问题。而IFC和CityGML作为BIM和GIS领域通用的数据格式标准，可以作为数据集成的基础，有助于BIM和GIS这两种数据模型融合。

(1) IFC与CityGML标准相关简介。IFC在本书3.1.2.1中已做详细介绍，这里不再赘述。

城市地理标记语言（City Geography Markup Language，CityGML）是一种用于表示和传输城市三维对象的通用信息模型，是最新的城市建模开放标准。它基于XML格式，是一种开放的数据编码标准，能够用来存储和交换虚拟的城市三维模型。2008年8月CityGML 1.0.0正式成为开放地理空间信息联盟（Open Geospatial Consortium，OGC）标准。CityGML 采用模块化对数据进行构建。在 CityGML 标准中，核心模块和 11 个专题模块共同描述了城市对象的全部内容。CityGML 包含了城市中大部分地理对象的语义、集成关系和空间特性，还充分考虑了区域模型的语义、拓扑、外观、几何属性等。

（2）IFC 和 CityGML 标准数据集成。IFC 具有面向设计和分析应用的多种几何表达方式和丰富的建筑构造、设施几何语义信息；而 CityGML 更加强调空间对象的多尺度表达以及对象几何、拓扑和语义表达的一致性。国内外关于两者互操作的研究主要集中在两个方面：基础数据模型的融合和现有数据格式的集成。

1）基础数据模型的融合。由于不同领域内对空间对象的表达和理解的差异，对象语义信息缺乏统一标准规范等现实问题，现在还难以实现 IFC 与 CityGML 基础数据模型的融合和两者之间标准化的映射，以及对象语义的标准化。

2）现有数据格式的集成。结合研究者对数据格式集成所做的分析和研究成果，并结合 IFC 与 CityGML 标准的差异性可知，现有的研究主要集中在以下方面：从几何、语义信息的过滤、映射及转换方程到实际角度出发，探讨 BIM 与 GIS 的集成思路和方式。几何、语义信息的过滤为几何信息提供过滤条件，经过几何、语义信息过滤可获取 IFC 实体几何且保留 IFC 语义信息；几何信息转换为 GIS 的表达形式后，实现 IFC 到 CityGML 的多层次语义映射，最后进行几何语义增强可视化，得到不同 LOD 层级的 CityGML 模型。

3.2.3 水电工程乏信息集成应用工作流程

3.2.3.1 枢纽工程

（1）利用 RS 解译获取工程区域的各种信息（包括地形、地物、地质、地类、移民等），结合乏信息技术，在工程设计及项目管理中建立一个统一的数据库，包括基础地理信息数据、地质、施工临时建筑物、水工建筑物（大坝、泄洪建筑物、引水系统、厂房等）等专题数据以及施工组织设计（含施工进度计划等）的实时数据等，将枢纽工程设计结果以可视化的形态展现出来。

（2）应用乏信息数据处理成果，水工专业会同相关专业可开展的枢纽工程设计及相关工作如下：

1）协调、统筹、汇总各专业工作成果、综合考虑各种影响因子，优化坝址、坝型及枢纽布置格局。

2）配合地质、施工专业，完成滑坡、崩塌堆积体、主要工程边坡、对建筑物和工程安全有重大影响的自然边坡、不良物理地质现象的实时稳定分析，不断完善开挖与支护设计。

3）根据工程进展及地质条件、参数的变化，紧密结合工程监测数据分析与反演，不断调整、优化设计。

4）在实时施工数据的基础上，及时、动态、全面、有机地反映工程建设进度，分析、计算、复核有关建筑物在施工期各种工况下的应力、稳定及水力学情况，实时提取设计及实际完成工程量，并为“数字水电站”“数字大坝”等提供实时素材。

5）为相关专业及时提供枢纽布置、建筑物设计、工程进展等成果，共同维护统一模型。相关枢纽工程设计成果集成应用流程如图3.2-2所示。

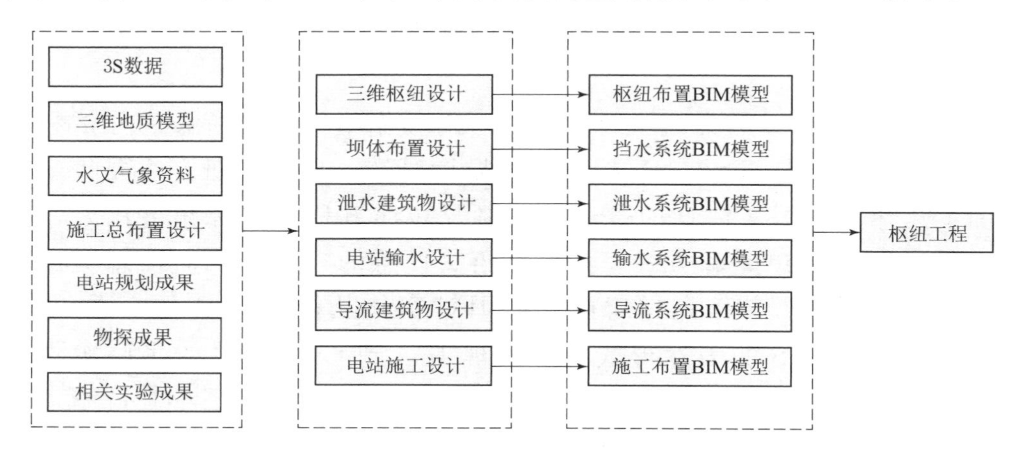

图3.2-2 相关枢纽工程设计成果集成应用流程图

3.2.3.2 机电工程

机电工程设计时，可充分利用乏信息条件下获取的各类基础数据进行变电站站址和输电线路路径选择。根据测绘、规划、水文、地质、水工等提供的基础资料确定工程设备参数、机电布置方案，进行调节保证计算、水轮机设备选型等工作。机电工程设计成果集成应用流程如图3.2-3所示。

3.2.3.3 生态工程

对于生态工程，应充分利用基础地理信息数据解译得到植被类型图、景观现状图等图件，在三维基础地理信息场景基础上，开展相关的水土保持、景观设计等工作。将环保专业模型（如污染源的衰减模型等）集成到GIS中，为环境影响预测提供便捷的手段。同时利用GIS辅助开展鱼类增殖站、珍稀植物保护园、珍稀动物拯救站等的选址和布局。生态工程集成应用流程如图 3.2-4 所示。

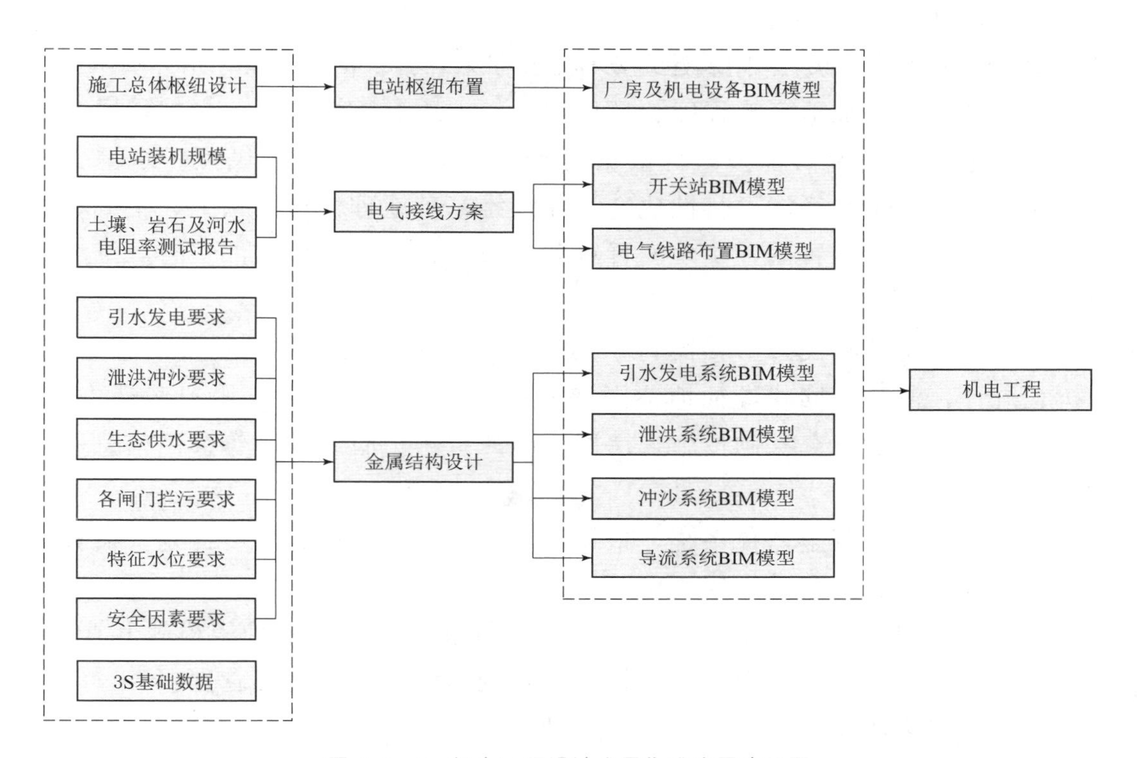

图 3.2-3　机电工程设计成果集成应用流程图

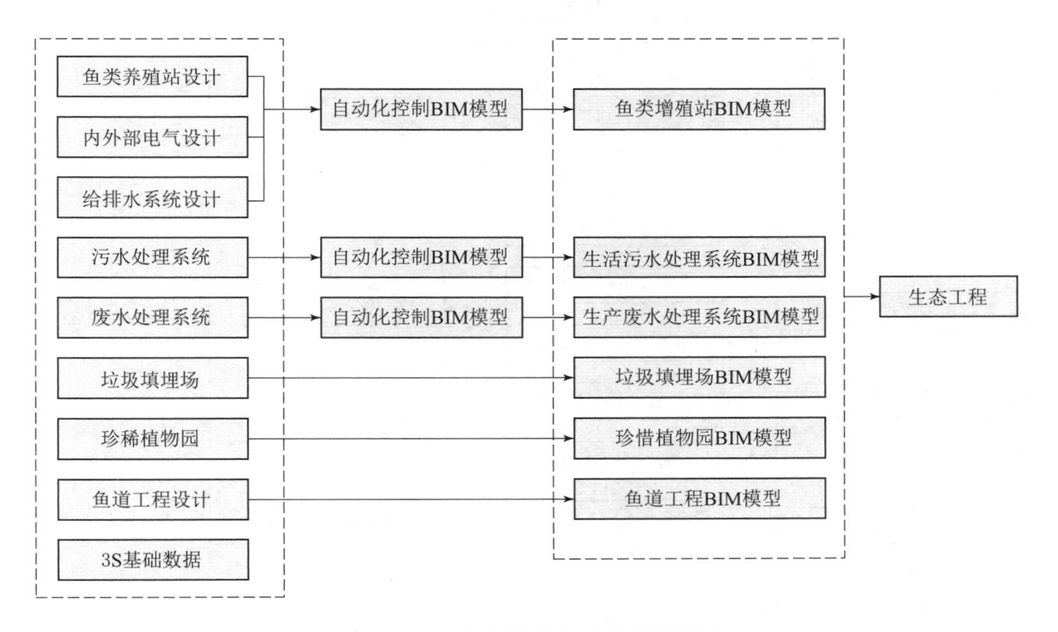

图 3.2-4　生态工程集成应用流程图

3.2.3.4 水库工程

采用移动GIS现场采集数据，通过移动终端GNSS，辅以外接装置，实现数据采集实时精准定位，房屋、附属建筑物等数据录入，指纹信息采集，指标确认。

（1）开展建设征地影响程度、环境容量、地质稳定性分析。根据移民初步意愿，确定移民安置初步去向。根据初步选定方案，进行居民点、水源、供电、对外交通技术和经济可行性比选。在三维基础地理信息场景上，生成移民安置方案三维场景布置图，实现安置点总体布置、典型户型内部实时三维场景漫游，并开展移民相关分析。

（2）精确定位移民户、移民村，实现在全三维场景中移民基础信息查询、分析、统计，测算不同建设征地范围影响指标、对象。查询移民户搬迁去向，对搬迁前后居民点配套基础设施、房屋、生产资源、收入水平等移民信息进行对比分析。

（3）建立移民资金监控系统，根据总体资金拨付进度、年度计划、概算成果、已经拨付情况，自动生成资金监控图表。

（4）通过卫星遥感数据，监测区域产业发展状况、耕地种植模式和产量、农民人均纯收入、人均占有粮食等指标，实现移民数据的动态管理。

水库工程集成应用流程如图3.2-5所示。

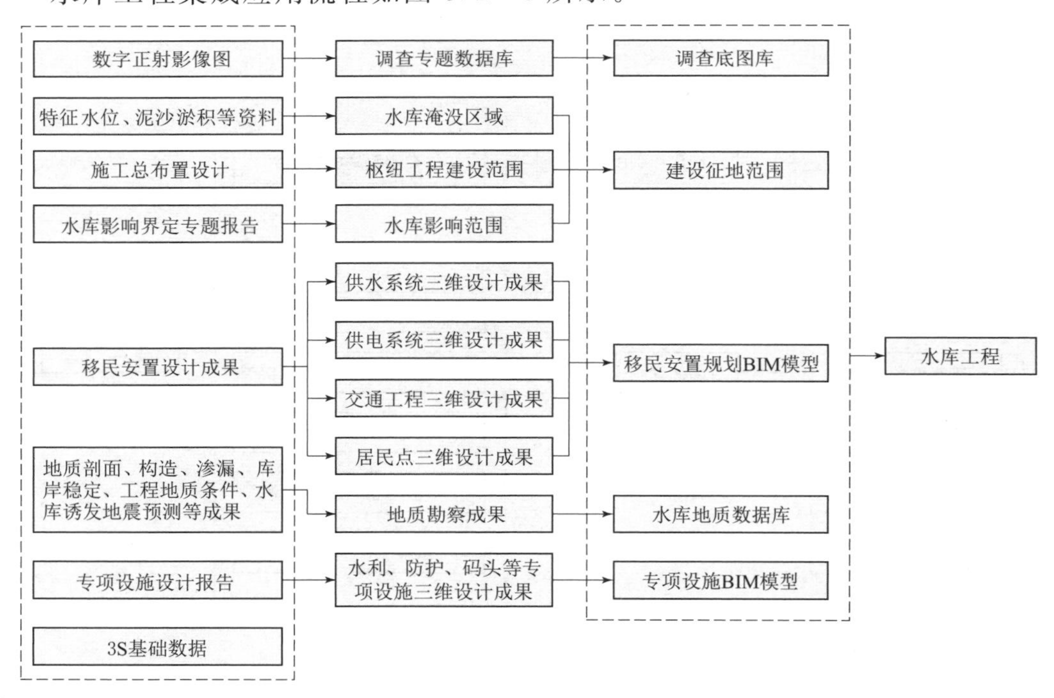

图3.2-5 水库工程集成应用流程图

3.3　乏信息勘察条件下的水电工程三维设计流程

随着技术的不断发展，传统信息获取技术与新技术日益结合，数据的采集、收集技术的日益发展，勘察设计工作的信息化自动化程度越来越高，也越来越高效。通过地质、勘探、测绘现场数据采集获取的数据结合 3S 技术进行地质建模、地形建模构件三维地质模型，实现可视化。结合 BIM/CAD/CAE 多专业协同设计，实现数字交付，完成设计全过程。本节主要介绍整个三维设计流程中用到的关键技术。

3.3.1　三维地质建模

建立三维地质体模型的数据模型采用边界表示模型，用封闭的地层边界来表示地质体，即采用边界表示法（Boundary - Representation，B - Rep）建立三维地质模型。

3.3.1.1　B - Rep 模型介绍

边界表示法中几个邻接的曲面可以围成一个真三维实体，而每一个小的三维实体通过实体的编号联系起来，可进一步构成完整的地质体三维模型。通过联立多个剖面，将这些剖面进行编码，然后将各实体的各边对应起来，利用插值生成曲面，并且对曲面赋予相应边的属性，然后将各实体的各边对应起来，插值形成的数字地质体，将会带上构造-地层格架的三维数字成因地层或数字层序地层。图 3.3 - 1 所示为联立剖面中地质体的三维实体基元，其中填充区端面是剖面中的部分，曲表面是通过联立剖面经过插值生成的曲面。

按照边界表示法的原则，三维地质体模型应该由所有有关边界以及它们之间的空间拓扑关系共同表述。这些边界包括各构造地层层面、内部的构造面、边界面等。地质单体在空间中是一个简单的三维实体，即内部不包含其他的封闭三维实体，也不包含其他的边界。一个单体是由它的所有边界面（顶面、侧面和底面）构成并表示的（图 3.3 - 2）。它们的空间位置和相互之间的拓扑关系，因为共同构成这个实体而得以保持。

地质三维数据模型的数据基础是一系列地质勘察数据，其中包括地质测绘中的各种点状数据，还包括槽探、平洞、竖井和钻孔等线状数据，还有地质构造图、地质剖面图等平面数据。只有经过插值模拟，使一维、二维数据三维化后才具有三维特征。因此，既不能将这些数据作为简单的一维、二维数据结

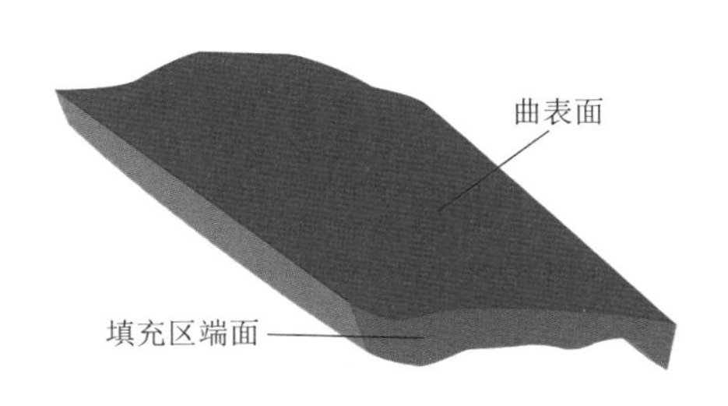

图 3.3-1 联立剖面中地质体的三维实体基元示意图

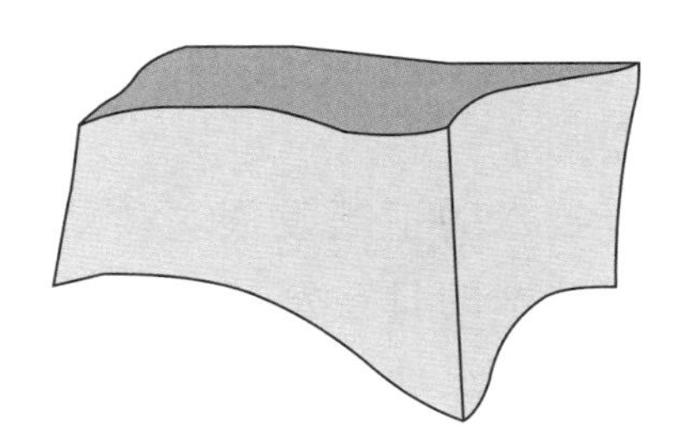

图 3.3-2 边界表示法表示的三维体

构来处理，又不能直接进行三维数据结构描述。需要寻求一种具有层次结构的方法，做到既能描述线和面又能描述体，而且在线-面和面-体转化之后，拓扑结构能够得以保持。相比之下，B-Rep 模型较为合适。该模型采用实体的边界来代替实体，并且通过拓扑关系来建立各边界的联系。空间对象通常可以分解为四类元素的集合，即点、线、面和体。每一类元素由几何数据、类型标志及相互之间的拓扑关系组成。三维实体用它的边界来表示，并通过空间拓扑关系来建立各边界的联系，既有利于三维实体的各种空间位置和拓扑关系的保持，也有利于进一步对三维地质体模型进行矢量剪切及动态演化模拟。

3.3.1.2 B-Rep 方法的编码规则

在一维、二维数据的输入过程中，要求操作人员准确地将各种复杂的地质实体模型，通过编码转化成计算机模型。这实际上就是一种系统应用过程的建模问题，关键是图形编码的形式和方法，包括：①单体、线条编码；②相邻平面单体编码；③几种特殊地质实体模型及线条编码——隆起、沉积体尖灭、单体结构不相似和断层消失等处理技术。

1. 单体编码原则及方法

单体即相邻平面间同期发育且具有相同沉积特征及相同构造控制背景，尤其是空间位置上具有成因一致性的空间几何形体。广义的单体可以无限制地延伸，直至消失尖灭。但为了便于建模输入处理，应选择狭义单体作为建模的基本输入，即将其范围严格地定义在相邻剖面间。这样就使得线性插值只在剖面间进行，进而可以避免在 X 方向剪切时，剪切剖面出现面交叉填充区属于无法判断等情况。

(1) 单体编码的原则。属性是建立地层之间、断层之间以及沉积之间拓扑关系的重要步骤。必须遵循以下原则才能构造和谐的三维地质体：①单体的编码以 D 开头，如 Dx-y-z；②单体编码的大号后面“-”的层次不限，可以有很多分支；③断层的编码以F开头，如Fn；④边的编码带地层信息，如TF2、D11、C13中的C13就是地层信息；⑤单体的边要求一一对应，即剖面1上的D10单体的边界与剖面2上的D11单体的边要一一对应，编码一致，但是某剖面上的一条边可以重复使用，即如果将某边的属性设成另外剖面上的两条边的属性，则此边将与这两边分别插值，这一般用于单体的尖灭上，即某个单体收敛于一条边，也就是尖灭；⑥共面原则：例如D11－02与D12－01两单体有一个共同的面，D11－02与D12－01共一边，则此边的属性应该包含两个单体的信息，即：TF2，D11，D12；这样系统插完D11后，检查发现此面为D11－02和D12－01共用；⑦地层一致原则：剖面1与剖面2上边的对应要求在地层意义上一致，即不能让属C4界面的边界和属C5界面的边界对应插值，这在地质概念上是错误的。

（2）单体编码的方法。单体编码通常以地层界面为单体控制边界。除此之外，断层（TF）及基底（Tg）也是单体边界。单体编码采用分段式方法，分为单段编码。多段编码可以认为是分段式单段编码的多次重复过程。于是，除了模拟主体两端的剖面之外，其他剖面内所有非尖灭、合并单体均具有双重编码。

2. 曲面剪切方法

曲面剪切方法构建三维地质体模型基于B－Rep模型的数据结构来构建三维地质体，其主要内容为：首先要根据研究区域的等高线数据构建地表的DEM数据；其次根据勘察数据构建地层表面；最后用地层表面的DEM面和地层表面相互剪切，去除地表之外超越地表的部分，保留部分根据“接触共边”的原则对地层面确定地层属性。曲面剪切生成三维模型流程如图3.3－3所示。

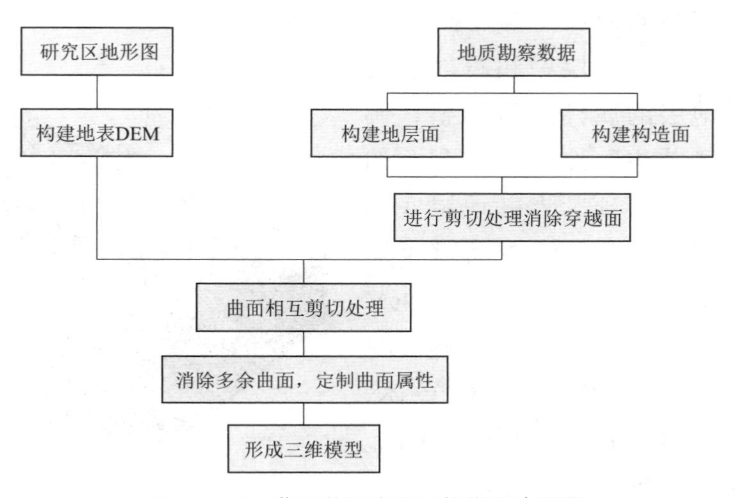

图3.3－3 曲面剪切生成三维模型流程图

(1) 构建地表DEM。根据研究区域的地形图、等高线数据，可以生成关于研究区域的地表DEM数据，在这里DEM数据采用规则网格的形式。与一般规则网格的DEM数据不同之处在于：在研究区域的边界处，以涉及最下层地层的 z 值为DEM网格的边界，形成地表为上边界的盒状DEM数据（包括地表数据以及外围边界，共计两个对象），如图3.3-4所示。

图3.3-4 根据地形图构建的DEM数据示例

(2) 构建地层面、构造面。地质勘察数据经过整理入库，通过一维、二维数据三维化以后，在三维空间展布，通过采用B-Rep模型进行属性赋值和地层对比技术，提取每一地层的层面数据，经过一定的插值算法，可以构建地层层面。同样，也可以构建滑坡面、断层等构造面。

(3) 曲面相互剪切处理。通过一定的插值方法求出的地层面中，会出现地层相互穿越的情况；另外，插值后的地层面和构造面会出现穿越地表的情况。上述两种情况不符合实际的地质情况，需要消除地层面的穿越现象，同样，也要消除地层面、构造面穿越地表的情况。在使用曲面剪切的方法进行模型构建时，首先要对地层层面进行检查，如果出现穿越现象，则需要对相互穿越的地层进行曲面互剪，去除地层穿越部分，然后对地层属性根据“接触共边”的原则进行赋值；最后消除地层穿越后的地层与形成的地表DEM曲面互剪，去除超越地表部分。

(4) 消除多余曲面和定制曲面属性。在地层面与地表DEM曲面互剪的过程中，首先需要去除地层中超越地表的曲面；然后对地层的属性进行调整，调整原则是“接触共边”原则，对剩余的地层面按照下一地层顶、上一地层底的顺序赋值；最后，对DEM曲面赋予属性。在曲面互剪的过程中，地表DEM曲面也将被剪断成小面片，根据B-Rep数据模型的原则，封闭单体，DEM面中地层属性为所在单体的属性。最终形成地质体三维模型，如图3.3-5所示。

图3.3-5 地质体三维模型示例

3.3.2 BIM/CAE 集成设计

3.3.2.1 BIM/CAE 集成模型标准化

1. BIM 模型精度

水利水电工程 BIM 从狭义上讲，是基于三维数字技术，集成了水利水电工程的各种相关信息的水利水电工程项目实体和功能特征的数字表达。从广义上讲，水利水电工程 BIM 是一个相互作用的政策、过程和技术的集合，形成了面向水利水电建设项目全生命周期的设计和项目数据管理方法。

在水利水电工程 BIM 技术的应用中，建立和管理 BIM 模型是一项不可或缺的关键工作。然而，在项目生命周期的不同阶段，在如何把握模型的内容和细节方面，总是希望有一套标准或规范可循。特别是在合同涉及模型的交付时，双方需要就模型的内容和细节达成统一意见。尤其是对于乙方而言，能够清楚地把握甲方对工程 BIM 模型交付的期望，准确估算建模资源和成本所需的投资，确保交付的模型能够满足后续应用需求，才是最为关注的点。

这里主要通过水利水电工程 BIM 模型精度来反映对模型内容和细节的把握。如今美国建筑师协会（American Institute of Architects，AIA）以"LOD"来指称"BIM 模型"中的模型构件在施工生命周期不同阶段预期的"完整性"，并划分了从 100 到 500 的五种 LOD。水利水电工程中的 BIM 模型 LOD 标准也与之类似。在实践中，LOD 常常被误指整个水利水电工程信息模型的发展程度，并与"细节程度"混为一谈，其实这是一种不可取的想法。

事实上，水利水电工程 BIM 模型不会（也不需要）是单一的模型。在水利水电工程的 LOD 定义中，通常每个设计工程师都非常清楚其专业应用对水利建筑信息的要求，因此经常会开发他们所需的 BIM 模型，并且也知道模型中每个构件的 LOD。然而，在三维 BIM 模型中，一个仅处于早期发展阶段的构件，其几何结构和位置尚不准确，却可能会被误用。这是因为它已具有特定的三维表示，并被误认为达到了更精确的发展水平。因此，为了在 BIM 应用中通过更好的信息管理和通信来实现更好的协作，需要根据各自的需要来标准化 BIM 模型构件的 LOD 描述，以便于团队之间的信息通信和交换。水利水电工程 BIM 模型 LOD 标准（部分）见表 3.3-1。

表 3.3-1 水利水电工程 BIM 模型 LOD 标准（部分）

详细等级	LOD100	LOD200	LOD300	LOD400	LOD500
场地	不表示	简单的场地布置	按图纸精确建模	概算信息	赋予各构件的参数信息
压力管道	几何信息（类型、管径等）	几何信息（支管标高）	几何信息（加保温层）	技术信息（材料和材质信息）	维保信息（使用年限、保修年限）
涵洞	不表示	几何信息（洞径）	技术（材料和材质信息）	产品信息（供应商、产品合格证）	维保信息（使用年限、保修年限）
阀门	不表示	几何信息（绘制统一的阀门）	技术（材料和材质信息）	产品信息（供应商、产品合格证）	维保信息（使用年限、保修年限）

水利水电工程参照 AIA 制定 LOD，其目的是解决将水利水电工程 BIM 模型构件数据信息集成到合同环境中的责任问题。简单地说，在工程项目的不同阶段应该建立不同的 BIM 模型。在此之前，不同阶段的 BIM 模型开发和构件在该阶段应包含的信息被定义为五个级别，分别为 LOD100、LOD200、LOD300、LOD400 和 LOD500。

（1）LOD100：一般用于规划和概念设计阶段。该级别包含水利水电工程项目的基本体积信息（如长度、宽度、高度、体积、位置等）。它可以帮助项目参与者，特别是设计和业主进行总体分析（如施工方向、单位面积成本等）。

（2）LOD200：一般用于设计阶段，如设计开发和初步设计。该级别包括水工建筑物的大概数量、大小、形状、位置和方向。同时，它也可以进行一般的性能分析。

（3）LOD300：一般用于详细设计阶段。该阶段构建的水利水电工程 BIM 模型构件包含精确的数据（如大小、位置、方向等），可以进行详细的分析和仿真（如碰撞检测、施工仿真等）。此外，经常提到的 LOD350 的概念是基于 LOD300 再加上组装构件所需的接口信息的详细信息。

（4）LOD400：一般用于模型构件的加工制造和装配。BIM 模型包含完整制造、组装和详细施工所需的信息。

（5）LOD500：一般来说，它是一个竣工后的模型。该级别包含水利水电工程项目竣工后的数据信息。该模型可直接转交给运行维护方作为运行维护的依据。

在这里还需要强调两个概念：①由于水利水电工程在设计过程中有其不同的发展速度，开发程度与工程项目生命周期的各个阶段之间没有严格的对应关系；②没有所谓的LOD模式，因为不同发展阶段的BIM模型必然包含不同的LOD分量，但并非所有分量都可以或需要同时发展到相同的LOD。

2. CAE系统

计算机辅助工程（Computer Aided Engineering，CAE），是求解复杂工程和产品的强度、屈曲稳定性、刚度、热传导、动力响应、弹性塑性、三维多体接触等力学性能的近似数值分析方法。CAE自20世纪60年代初开始应用于工程领域，经过50多年的发展，其理论和算法经历了一个从蓬勃发展到成熟的过程，已成为工程和产品结构分析（如航天、机械、航空、民用结构等）中不可缺少的数值计算工具。同时，它也是分析连续介质力学各种问题的重要手段。随着计算机技术的普及和不断提高，CAE系统的功能和计算精度得到了很大的提高。基于产品数字化建模的各种CAE系统应运而生，成为结构分析和优化的重要工具，也是计算机辅助4C（CAE、CAD、CAM、CAPP）系统的重要组成部分。CAE系统也是一个复杂的系统，它包括人员、技术、管理、信息流和物流的有机集成和优化。如果想单独完成一个CAE项目，必须配备适当的软件。比较常用的CAE分析软件是ABAQUS、ANSYS、ADINA、NASTRAN、MAGSOFT、MARC等，其中并不能简单地评估哪种软件最强大，因为每种软件都有其优点和照顾不到的地方。

结构的离散化是CAE系统的核心思想，即将实际结构离散为有限个规则单元组合。用离散体分析实际结构的物理性能，得到满足工程精度的近似结果，代替对实际结构的分析，解决了许多实际工程需要而理论分析无法解决的复杂问题。基本过程是将复杂连续体的解区域分解为有限和简单的子区域，即将连续体简化为有限元的等效组合；通过离散连续体，解决场变量（位移、应力、压力）的问题，即将其转化为求解有限元节点上的场变量。此时得到的基本方程是代数方程，而不是描述真实连续体场变量的微分方程，近似程度取决于所用元素的类型和数量以及元素的插值函数，这种情况称为CAE后处理，它代表应力、温度和压力的分布。而CAE的预处理模块一般包括：实体建模和参数化建模，构件的布尔运算，元素的自动划分，节点的自动编号和节点参数的自动生成，负载和材料直接输入公式的参数化导入，参数、节点载荷的自动生成，有限元模型信息的自动生成等。在预处理过程中可以看出，CAE的精度主要由每个CAE软件的预处理部分决定，例如ANSYS和ABAQUS这两款软件，进行数值分析时影响结果的精度主要受各自的前处理部分划分网格影响，划分网格越精细，最后得出的结果也就越精确。所以这也是CAE软件的精度。

3. BIM与CAE集成模型精度

集成就是将一些孤立的事物或元素通过某种方式集中在一起，产生联系，从而构成一个有机整体的过程。水利水电工程BIM与CAE集成指的是将建筑信息模型与计算机辅助工程联系起来。实际上在一个工程中，设计常常是一个根据需求不断寻求最佳方案的循环过程，而支持这个过程的就是对每一个设计方案的综合分析比较，也就是CAE软件能做的事情。典型的设计过程如图3.3-6所示。

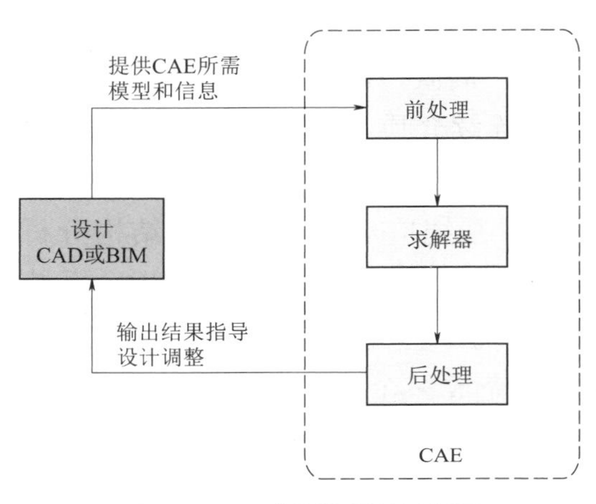

图3.3-6 典型的设计过程图

从图3.3-6中可以很清楚地看见到BIM和CAE的联系，当然图中也涉及CAD。之前在大多数情况下，CAD作为主要设计工具，CAD图形本身没有或极少包含各类CAE系统所需要的项目模型非几何信息（如材料的物理、力学性能）和外部作用信息。在能够进行计算以前，项目团队必须参照CAD图形使用CAE系统的前处理功能重新建立CAE需要的计算模型和外部作用；在计算完成以后，需要人工根据计算结果用CAD调整设计，然后再进行下一次计算。由于上述过程工作量大、成本过高且容易出错，因此大部分CAE系统只能被用来作为对已经确定的设计方案的一种事后计算，然后根据计算结果配备相应的建筑、结构和机电系统，至于这个设计方案的各项指标是否达到了最优效果，反而较少有人关心，也就是说，CAE作为决策依据的根本作用并没有得到很好发挥。但是现在甚至未来，BIM概念会很好地与CAE相结合。由于BIM包含了一个项目完整的几何、物理、性能等信息，CAE可以在项目发展的任何阶段从BIM模型中自动抽取各种分析、模拟、优化所需要的数据进行计算，这样项目团队根据计算结果对项目设计方案调整以后又可以立即对新方案进行计算，直到满意的设计方案产生为止。因此可以说，BIM的应用给CAE重新带来了活力，二者的集成也更能促进行业的进步和设计理念、思维的不断发展。

从上面的介绍可以知道，水利水电工程BIM和CAE集成模型精度取决于BIM模型精度和CAE计算结果的精度，所以在考虑集成模型精度时不仅要考虑BIM模型还要考虑CAE系统，可以说集成模型的精度是二者精度的最小值，也是二者中的短板，若要想提高集成模型的精度，就不能只提高二者中的一个。

若要提高LOD的精度就要提高LOD的等级，最高等级为LOD500，但是每两个等级之间的升级也就是从低级别提高到高级别时需要花费很长的时间，一般为2～11倍，尤其是从LOD300提高到LOD400时，花费的时间最多，所以现阶段大多数工程项目的LOD详细程度不会超过300级。而CAE软件的计算精度一般可以通过h方法和p方法来提高。

（1）提高计算精度的h方法。在不改变各单元基函数构型的情况下，只有逐步细化有限元网格，才能使计算结果近似于正确解。该方法是有限元分析应用中最常用的方法，通常采用一种较为简单的单元结构形式。h方法可以达到一般工程的精度（即能量范数测量误差在5%～10%以内）的要求。虽然它的收敛性和p方法相比稍微差了一些，但是因为没有把高阶多项式用作基函数，所以数值可靠性和稳定性比较好。在仿真过程中，可以对关键部件进行细化，从而得到更精确的解，这种方法适用于计算能力不是太好的计算机，同时也可以减少计算分析的时间。

（2）提高计算精度的p方法。与h方法相反，p方法是提高各单元的基函数阶数，保持网格剖分不变，从而使得计算精度提高。有证据表明，p方法的收敛性明显优于h方法。Weierstrass定理证明了p方法的收敛性。由于p方法的基底函数为高阶多项式，会出现数值稳定性问题，此外，受计算机速度和容量的限制，多项式阶次不能取得太高（通常是高阶多项式函数阶次<9），尤其是在求解高阶特征值的振动与稳定性问题中，无论h方法和p方法都令人不是很满意，这都是多项式插值本身的局限性造成的。

3.3.2.2 水利水电工程BIM/CAE集成方法

1. 基于CAE的三维参数化特征造型方法

（1）三维参数化实体造型方法。参数化设计的原则是通过几何数据的参数化驱动机制改变模型的形状，满足模型的约束条件和约束之间的相关性。同时也可以通过CAE中的各种有限元软件对模型进行有限元分析，再根据分析结果对模型尺寸进行修改。对于一个复杂模型，约束可能数量很多，并且通过CAE软件的分析结果反馈，增加了复杂模型修改的难度。

基于CAE分析结果的BIM模型参数化设计的主要特点如下：

1）基于特征。一些具有代表性的几何图形被定义为特征，它们的所有尺寸都存储为变量参数以形成实体。在此基础上，建立了较为复杂的三维实体模型。

2）尺寸驱动。通过编辑尺寸来改变几何形状。

3）全尺寸约束。同时考虑形状和尺寸，几何形状由尺寸约束控制。建模必须基于完整的尺寸参数（完全约束），而不是遗漏的尺寸（约束下）和过度尺寸（过度约束）。

4）CAE分析结果驱动形状修改。通过有限元计算结果来驱动几何形状的改变。

5）全数据相关。只要有一个尺寸参数的改变就会影响其他尺寸。

（2）参数化设计方法主要包括几何推理法、参数编程法、过程构造法、代数求解法和基于特征的参数化方法等。

1）几何推理法。几何推理法的主要思想是将模型的约束条件和初始大小存储在知识库中，然后通过推理机构造三维模型。

2）参数编程法。参数编程法需要在参数化建模之前分析模型的结构特征，确定三维模型各部分之间的几何关系和拓扑关系。当输入给定的模型特征参数时，可根据输入参数计算其他参数。然后通过程序实现参数化建模，最终生成三维模型。

3）过程构造法。过程构造法是通过记录模型中几何体系在参数化建模过程中的先后顺序和相互关系，来实现几何模型的参数化设计，这种方法适合具有复杂构造过程的几何模型。

4）代数求解法。代数求解法的原理是用一系列特征点和尺寸约束来表示几何模型。同时，用一组非线性方程表示尺寸约束，然后通过求解非线性方程确定几何模型。

5）基于特征的参数化方法。该方法是对描述模型的特征信息进行参数化，输入特定参数确定具体的三维模型。这些特征不仅包括物体的尺寸、形状和位置等几何信息，还包括材料等非几何信息。通过参数化构件实现整个三维模型的参数化。

2. 三维参数化特征建模方法

特征建模技术是三维设计系统中广泛应用的一种实体建模技术，它实现了CAD/CAE/CAM集成，是设计和制造过程的重要手段。特征建模的基本思想是预先定义一些特征，确定它们的几何和拓扑关系，并将特征参数存储为变量。在设计模型时，设计师根据自己的设计意图调用所需的特征，并分配特征参数来完成模型定义。

特征建模的特点是该方法定义的模型由一系列特征组成，包括设计思想、模型结构清晰，建模顺序记录也比较详细，有利于标准化设计的实现。

三维参数化特征建模方法将特征建模技术与参数化设计技术相结合，使实体零件在包含更多设计信息的同时实现快速设计；同时，零件的修改可以转化为零件特征参数的修改，为参数化零件库的构建提供了依据和方法支持。

3. 基于CAE的参数化构件库建立方法

三维参数化构件库将模型设计过程中使用的构件信息存储在一起，使用标准描述格式，对模型的构件进行规范化和标准化，由专用系统进行管理，并建立构件信息数据库。设计者可以检索、访问和扩展构件库。构件库提供与模型设计系统的接口，利用参数化设计思想驱动构件库中各个构件尺寸的修改，实现构件的自动创建。

4. 参数化构件库功能分析

水利水电工程涉及专业多且规模大，构件库的形式和类型丰富，给三维参数构件库的建立带来了一定的困难。一般来说，三维参数化构件库应具有以下功能：

（1）模型预览功能。构件库为用户提供包含子构件的构件和程序集的预览功能。它可以预览、缩放、旋转和翻译包含子构件的构件和部件。同时可以显示三维模型的特征树。

（2）部件尺寸的参数驱动功能。通过三维模型参数化驱动程序，用户可以根据工程情况自动生成模型，确定具体的模型约束和尺寸参数，大大提高设计效率。

（3）添加和删除构件库的功能。构件库的动态添加功能使用户可以根据自己的需要通过人机交互添加构件，体现了构件库系统的便捷性和可扩展性。

（4）构件库编辑和管理功能。根据水利水电行业的特点，水利水电行业三维参数构件库需要对模型的几何参数和其他属性信息进行管理，包括用户定义构件、非标准构件、标准构件，并能提供这些信息的编辑界面。

（5）构件库的分类检索、查询功能。构件库中三维参数化模型包含着多种信息格式。构件库需要提供多种检索和查询工具，以满足不同方式或不同目的的检索。

从以上基本功能可以看出，水利水电行业三维参数化构件库的中心目标是最大限度地利用构件库内部和外部知识资源，同时要具有良好的人机交互界面，方便设计人员使用。构件库系统不仅需要集合大量水利水电行业参数化构件，还应提供充分的辅助功能，使设计使用人员不仅可以利用构件库系统进行参数化驱动，直接生成三维模型并获得所需要的信息，还可以方便地进行添加、修改、查询、预览等操作。

5. 参数化构件库设计原理

为了建立水利水电行业参数化构件库系统，需要根据水利水电行业各构件的功能，将其划分为若干类型。然后，根据相似性和可重用性原理，对构件的结构和特点进行综合分析，确定这些构件的代表性特征和几何结构。利用可能的变形设计方案及相关的属性和参数确定该类构件的主要模型。然后建立主模型的参数化驱动机制，实现构件属性和几何参数的自定义化输入，实现模型的实体化，最终得到相应的三维参数化构件模型。

构件主模型可以在三维设计软件中构建，而三维设计软件应当具有良好的造型能力和易开发性，例如 Revit、3D Max 等 BIM 建模软件。在建立构件库的过程中，构件的几何和拓扑约束应预先设定并存储在构件库中。新元件的具体尺寸值一般不同于原元件，但它们的几何关系和拓扑关系是相似的。建模过程可以使用构件库中的各种约束，依靠新输入的参数进行参数化建模。

6. 三维参数化构件库体系结构

水利水电行业构件库的结构一般设为三层体系结构，它也是基于模块化设计而设置的，即数据访问层、应用层和功能逻辑层。

（1）数据访问层。构件库属于共享资源，因此该访问层是基于位于中央服务器上的文档电子仓库和网络数据库。

（2）应用层。应用层为客户端用户管理界面、人机交互界面和 Web 浏览器。客户端用户管理界面负责管理用户对构件库的访问权限。通过授权用户，它可以添加、删除、修改和查询构件库。采用基于 BIM 建模软件平台的人机交互界面，对构件库中的构件进行设计、添加、查询和选择。Web 浏览器应用程序用于在不安装客户端程序的情况下实现构件库管理和信息查询。

（3）功能逻辑层。首先用户发出请求，然后系统在功能逻辑层中进行确定，之后再从数据层那里获得用户发送的数据，同时对接收到的数据进行一系列操作，最后将三维模型及附属属性信息再反馈给应用层。这一层也是整个构件库系统的核心。

7. 基于 CAE 的信息模型快速创建方法

该方法是基于三维参数化建模方法和参数化构件库的建立方法，通过对水利水电工程信息模型建立过程的分析，确定现有的参数化设计软件作为系统工具、模型模板库和构件库作为系统资源、模型装配和构件装配作为主要过程的水利水电工程信息模型建立方法体系。

水利水电工程信息模型创建的主要步骤如下：

（1）确定子模型，如渡槽模型。

（2）将子模型进行构件分解（图 3.3-7 和图 3.3-8），确定合理的建模顺序和构件的特征。

（3）在现有的参数化设计软件中，构建参数化构件库。

（4）在参数化设计软件中，选取构件库中的构件，通过构件自带的装配功能对构件进行组装，并生成子模型，最终形成模型模板库。

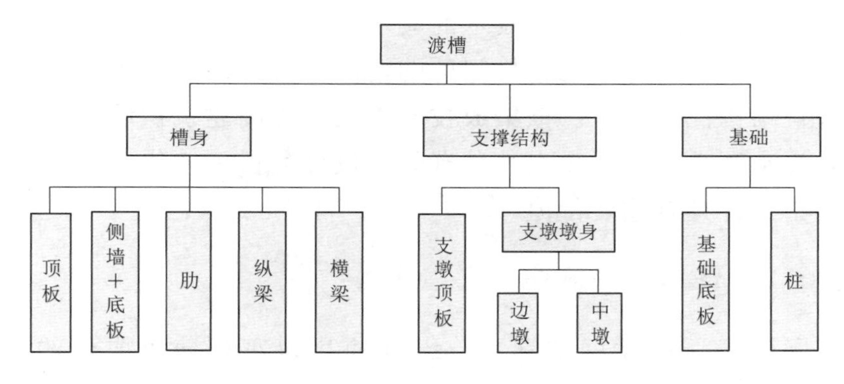

图 3.3-7 渡槽构件分解示意图

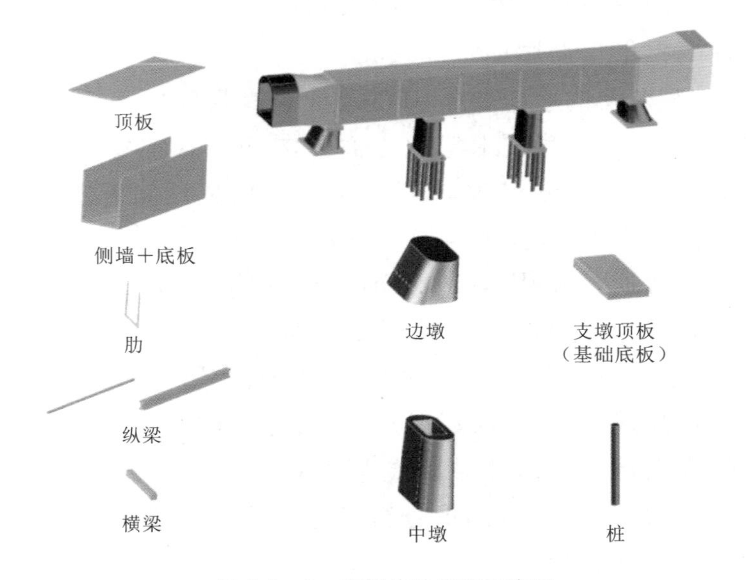

图 3.3-8 渡槽构件模型示意图

（5）在参数化设计软件中，调用形成的模型模板库，转化为新的子模型，并且实现自顶而下的设计。在参数化设计软件中，将各种子模型（不管是参数化的还是非参数化的）进行装配，最终形成水利水电工程信息模型。

3.3.3 BIM/CAE 技术应用

BIM 和 CAE 技术在水利水电工程领域通常是独立应用的。常见的优化设计工作方式是由设计人员在 BIM 平台中建立结构模型后，由计算分析人员通过 CAE 软件的数据结构将模型导入，并划分网格、施加边界和荷载进行初步试算。若计算结果反映结构应力安全不满足要求，需要重新由设计人员返回 BIM 平台对模型进行修改，再将新模型交与计算分析人员重复其计算过程。数据在 BIM/CAE 系统间只能单项传递的工作方式使得设计和分析过程的联系不够紧密，从而大大降低了两种技术的应用效率。将 BIM 和 CAE 集成技术应用到水利水电工程复杂有限元分析问题的精确建模与仿真计算中，同时采用参数化技术进行结构优化设计。该集成技术将大大提高建筑物设计-分析-优化过程的效率，为水利水电工程提出一种有效的设计分析一体化方法，对基础设施工程综合勘察设计具有重要价值。

3.3.3.1 BIM/CAE 集成技术的价值

在“互联网＋”的发展浪潮下，BIM 应用也正朝着集成化的方向发展，并成为各种应用、数据以及价值创造的核心。CAE 技术的提出就是要将工程（生产）的各个环节有机地组织起来，其关键就是将有关的信息集成，使其产生并存在于工程的整个生命周期。

国外对于 BIM 集成技术主要集中在云计算、物联网、大数据等新兴技术应用方面。在 BIM 与云计算技术集成方面，国外一些学者提出一种基于云的 BIM 服务平台，以 BigTable 和 MapReduce 作为信息存储与处理范式，通过基于网络的服务提供大规模 BIM 的浏览、存储、分析等功能；在 BIM 与大数据集成方面，一些学者通过使用 MongoDB 存储 BIM 数据，根据 IFC 标准数据格式设计了适合大规模存储的数据模型；在 BIM 数据处理方面主要是对 Hadoop MapReduce 框架进行了改进，使其适宜处理 BIM 数据，并基于自然语言理解，提出了一种高效处理 BIM 数据查询的方法与架构；在 CAE 技术集成方面，国外大量研究人员主要是针对参数化建模设计进行研究，而在参数化设计过程大多仅针对 CAD 三维设计图形进行参数化模型创建和结构设计，与 BIM 技术相结合的研究少之又少。

在国内，目前对 BIM 集成技术的研究及应用主要体现在对工程建设过程中全生命周期信息的集成与管理，即通过在设计、施工、运维等阶段的应用实现工程可视化、自动化、高效化，不断推动我国水利水电行业向前发展。有学者采用集成倾斜摄影技术和 BIM 技术，既提供了传统的测量成果又可以提供高精度 BIM 实景模型，真实地反映了地物纹理及几何信息，为前期 BIM 模型的建立工作提供了有效的技术手段；还有学者探讨了 BIM 和云技术的集成在协同设计阶段的应用模式，认为云计算和存储技术可以支持各专业之间的协同工作，并可实现可视化三维动态预览与渲染，提高设计效率和精度。也有学者以盾构的 BIM 模型为实例，采用 Dynamo 进行可视化编程，并对其进行参数化建模，证明了编程技术在 BIM 模型参数化建模中无可比拟的优越性。

BIM/CAE 集成技术的价值主要体现在 CAE 可以在项目发展的任何阶段从 BIM 模型中自动抽取各种分析、模拟、优化所需要的数据进行计算，使得工程全生命周期的BIM和CAE数据都能做到可追溯，保证了工程数据的完整性，达到BIM和CAE良好集成的效果。

在勘察设计阶段，BIM/CAE的集成技术在水利水电工程中的应用价值主要体现在对BIM模型在可行性研究阶段和施工设计阶段可进行仿真分析，主要包括结构受力分析和基础稳定分析。在初步设计和招标设计时，除可进行结构受力分析和基础稳定分析等外，还可进行水流流态仿真分析。通过对BIM模型进行CAE分析，可以对设计方案进行比选和优化，并借助BIM的可视化技术实现虚拟仿真漫游以及可视化校审和交底等功能。BIM/CAE集成技术仿真分析操作流程如图3.3-9所示。仿真分析应用软件宜能够与各阶段模型的数据交互，仿真分析应用所设定的参数应满足分析精度的要求，其分析结果宜录入或自动生成在模型的属性信息中并包含性能分析计算书。BIM和CAE的集成可以通过不断对比分析，采用各种优化技术，在设计过程中CAE的目的是通过计算优化改进结构，使结构在保证工程安全和使用功能的同时最大限度地满足经济性要求，而BIM技术在设计前期为CAE提供模型数据输入，同时在后期作为设计方案的最终呈现工具。同时，BIM三维模型不仅可以直观动态地显示项目模型，在工程施工前期就获得水利水电工程相关数据信息，并且可以减少工程技术人员和工程施工人员专业知识和理解能力之间的差异产生的交流障碍；结合CAE分析技术，在工程施工前期及时纠正设计图纸的错误，

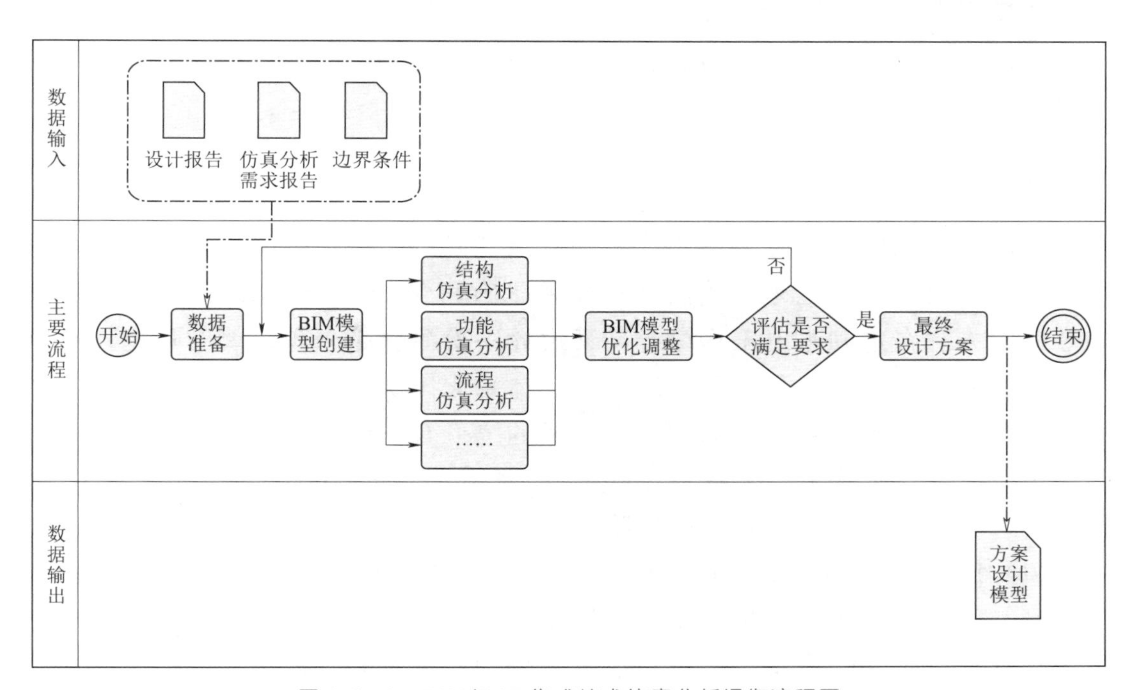

图3.3-9 BIM/CAE集成技术仿真分析操作流程图

优化不合理的施工流程，大大提升工程设计效率。

3.3.3.2 BIM技术应用及价值

1. 项目前期策划阶段

项目前期策划阶段对整个水利水电工程项目的影响很大。在项目前期的优化对于项目的成本和功能影响是最大的，而优化设计的费用是最低的；在项目后期的优化对于成本和功能影响在逐渐变小，而优化设计的费用却逐步增高。因此，水利水电工程在项目前期应当尽早应用BIM技术。BIM技术应用在项目前期的工作主要有投资估算、现状模型、总图规划、环境评估等。

2. 设计阶段

BIM在水利水电工程设计阶段的应用范围非常广泛，无论是在设计方案论证，还是在设计创作、协同设计、水工建筑物性能分析、结构分析，以及在规范验证、工程量统计等方面，都有广泛的应用。

（1）设计方案论证。通过三维可视化展示，BIM模型方便了评审评估，甚至可以依照BIM模型估算工程量和成本以及当前方案的可行性。

（2）设计创作。参数化构建使得BIM模型是智能联动的，而且可以根据BIM模型随意生成平立剖面图。

（3）协同设计。通过协同设计平台，各专业设计人员可以通过系统平台在同一个模型上进行协同设计。

（4）工程量统计。通过构件与BIM数据库的成本库相关联，进行成本的实时估算更新。

3.3.3.3 BIM/CAE协同方法体系建立

随着水利水电工程项目规模越来越大，项目内容和细节更加复杂，对进度、成本和质量要求也越来越高，这就要求有科学的方法论来指导工程建设。如今协同方法在水利水电工程综合勘察设计中扮演着越来越重要的角色，对协同方法的研究也越来越科学化、理论化、体系化。协同方法体系就是指由这些相互独立而又相互联系的协同方法所组成的统一有机整体。

BIM/CAE协同方法体系主要包括BIM/CAE协同规划方法、BIM/CAE协同管理方法和BIM/CAE协同保障方法。

（1）BIM/CAE协同规划方法。BIM/CAE协同规划方法是指对项目所有的控制与管理活动进行合理的组织与协调安排时采取的方法。协同规划方法主要包括计划制定法、方案组织设计法等。例如我国水利水电工程建设中，项目计划的制订已经比较全面，诸如编制项目总进度计划、分项进度计划、资源成本预算计划等，多种不同的计划分别侧重各自的主题，使得工作时间、资源、成本之间的协同能在不同的层次进行，这是项目层面的。而 BIM/CAE 协同规划是指在设计 BIM 模型前就要对 BIM 模型做出合理规划，力争在 CAE 分析阶段对模型尺寸修改最少，减少返工的工作量。

（2）BIM/CAE 协同管理方法。BIM/CAE 协同管理方法是指在各个项目中 BIM/CAE 协同管理时运用的协同方法，目的在于纠正和消除在 BIM 建模过程中出现的各种偏离计划和基准的情况。在对设计好的 BIM 模型进行 CAE 分析时，要做到统筹兼顾，在原设计模型的基础上进行适当的修改，使得修改后的 BIM 模型尺寸最优化，达到 BIM/CAE 协同管理的效果。

（3）BIM/CAE 协同保障方法。BIM/CAE 协同保障方法是指在各个项目中 BIM/CAE 协同管理时对可能影响协同的一些重要因素（序参量）建立起的引导或保障机制。BIM/CAE 协同时影响的因素有很多，例如使用不同的 BIM 建模软件或者是使用不同的 CAE 数值仿真软件时它们之间的数据格式不同，分析结果和精度也都不一定相同等，这些都是影响协同的因素。可以统一数据格式，采用统一精度来达到协同的效果。

3.3.3.4 BIM/CAE 协同特征分析

随着信息与通信技术的不断发展，水利水电工程行业在综合勘察设计中越来越重视信息化技术的研究和推广。以计算机支持的协同工作逐渐占据主导地位，同时结合心理学、管理学、社会学、系统工程学等多个学科领域的先进知识和理念，形成了当前水利水电工程协同工作的技术和理论体系。它以水利水电工程的协同工作为研究对象，结合多学科知识，从理论上分析人们的合作与交流，特别是注重信息技术和工程建设管理的有机结合，然后利用现有技术，特别是网络通信技术、分布式处理技术、云技术、CAE 技术、“互联网＋”等建立一个协同工作的环境，从而保证水利水电工程规划设计、工程建设、运行管理全生命周期的安全与效益。BIM/CAE 协同特征如下：

（1）集成化。水利水电工程是一个复杂的群体性工程，多个参与方自身的“软”“硬”环境以及工作环境都存在差异，因此单一的协同方式远远不能满足水利水电这个大群体的需求。在水利水电工程建设过程中，涉及多种多样的协同方式，这些协同方式集成在一起，共同完成建设任务。这种集成化的协同加强了信息的交流和沟通，从而加速了各种协调问题的解决。

（2）网络化。随着移动互联网、云计算、云服务、物联网等的快速发展，网络化已全面渗透到水利水电行业勘察设计、物资集采、工程建设、装备制造等环节，也催生了协同应用的网络化发展。一些典型的服务和应用包括网络化协同设计、网络化协同制造、网络化协同办公等。互联网络的移动化和泛在化为水利水电协同提供了无所不在的服务，从而实实在在地推动了水利水电企业横、纵向协同。

（3）标准化。标准化是处理协同问题的关键之一。水利水电工程行业涉及的区域范围广、涵盖的企业多，所采用的技术标准、评价体系、管理流程等都存在一些差别。为了做好全行业的协同，标准之间的并轨、统一是目前协同发展的趋势和必要条件。对于BIM和CAE的协同也要制定统一的数据格式、统一的计算精度、统一的标准。

（4）创新化。协同的高级发展就是创新化。它是以知识的增值为核心，通过知识（思想、专业技能、技术）等各种创新资源在系统内的无障碍流动，以及各种创新要素（人才、资金等）在协同整体中的整合，实现更多知识的挖掘与创造，从而形成企业、行业的新型竞争力，为企业带来更多的效益。BIM/CAE的创新源于三部分：一是BIM模型的创新、优化；二是CAE技术的创新化发展；三是BIM和CAE的融合创新。

3.3.3.5 水利水电工程BIM/CAE集成协作应用

在水利水电工程项目BIM/CAE集成协作方面，两大协作特征是综合勘察设计重点考虑的：一是BIM模型参数化建模；二是CAE技术数值仿真。一般来说水利水电工程都建设在地质条件复杂和地震频繁发生的区域，若仅仅采用CAE技术无法合理地分析工程建设中所面临问题，因此有必要采用逆向工程技术实现基于BIM/CAE集成分析。基于逆向工程技术，实现GIS三维地质模型的实体化，在此基础上应用专业参数化建模软件进行三维设计，再通过BIM/CAE平台进行直观的分析评价。

（1）充分利用已有试验分析资料，应用GIS技术初步建立工程建设区域三维地质模型和水工建筑物模型。根据BIM平台实时获取地质参数和结构参数，快速修正地质三维统一模型。

（2）BIM/CAE集成“桥”技术。BIM/CAE桥技术是指依托BIM平台实时信息高效准确地导入CAD平台完成几何参数化建模，将连续、复杂、非规则的三维统一模型通过NURBS理论方法转换为离散、规则的数值模型，最后输出指定CAE求解器的标准文件格式。在BIM/CAE集成分析技术中增加一个“桥”平台，专职数据的传递和转换，该平台在解放BIM/CAE的同时，改以往的混乱局面为分工明确的模块集成系统。“桥”平台选择Altair公司的Hypermesh软件，采用Macros及TCL/TK开发语言，实现了与BIM/CAE平台间的数据通信及模型的几何重构和网格生成。

（3）基于桥技术的网格模型，对工程模型进行实时动态的数值分析，依托BIM/CAE集成分析技术实现对数值结果的快速比选评价，结合工程建设中的实际情况给出优化设计结果，极大简化了数值分析的复杂性。

3.4 乏信息勘察条件下的多专业BIM协同设计

3.4.1 多专业BIM协同设计标准化

创建工程信息模型时，其过程比较复杂，涉及各方面的专业也比较多，而传统的串行式设计对于适当利用资源和时间是较为不利的。工程设计的进度也会因为不同专业间交流不畅出现的设计返工而受影响，所以建立标准化的、规范化的协同设计流程是非常有必要的。

协同设计主要可以划分为专业之间和专业内部这两个大的方面，而这两个方面下又划分为多个小的方面。

（1）协同设计专业内部工作流程标准化。协同设计专业内部的工作流程实际上是各个专业的设计人员相互配合的结果，共同完成各个专业信息模型创建或设计的过程。

1）根据各个专业信息模型中的模型布局和模型类型，可以针对不同的类型或区域划分任务，并将任务作为一个工作集分配给专业设计人员。

2）专业设计人员将以其他专业信息模型作为创建专业信息模型的基本参考模型，上传集中模型文件（集中组装文件）并存储在中央服务器中。

3）每次设计器在工作集中创建子模型（程序集文件及其构件模型文件）时，它都会将其（程序集）添加到中心模型文件中，然后通过“签出”和“签入”来修改子模型：首先，它“签出”要修改为个人构件的子模型。修改完成后，在中心模型文件中进行记录和检查。每次修改更新的子模型文件时，它们将存储在不同的版本中。最新版本的子模型文件始终用于中心模型文件。每位设计人员可以打开中心模型文件并动态更新，以查看其他设计人员的最新设计模型，并以协作和参考的方式进行自己的设计。

4）任何更新中心模型文件的设计器都需要通知检查器检查更新。验证结果应及时通知专业内所有设计人员，并判断返回子模型文件的版本或修改子模型。

5）当所有设计人员完成了工作集并检查了中心模型文件后，中心模型文件将依次发送给审查人员、核定人员和审定人员进行审核，然后作为专业信息模型的最终结果进行传递，否则将返回进行修订。审阅者和验证者可以由不同的副组长担任，审查人和批准人可以由组长担任。

（2）枢纽工程专业间协同设计工作流程标准化。枢纽工程各个专业之间协同设计的一套流程是完成工程枢纽布局、建立工程信息模型的过程。各个专业内部的协同设计一般可以认为是各个专业之间协同设计的子过程。下面以水利水电工程为例具体阐述：

1）相关专业提供地质专业信息模型，包括工程地质条件、水文气象、工程规模、特征水位等；根据流域信息，水利水电工程专业对每条坝线的枢纽布置方案进行编制，从而产生各种枢纽布置。通过与推荐方案的比较，建立方案并进行更详细的设计。

2）中心模型文件可以是地质相关专业信息模型，在符合结构力学和水力学计算的工况下，一般以水道、坝工、厂房等专业协同的方式完成，内容包括创建各个专业的典型建筑物和在地质相关专业信息模型中的布设等，以及初步建立枢纽主体信息模型（包含大坝坝体、厂房或渡槽、溢洪道、箱涵、明渠、倒虹吸、控制工程等）。

3）水利水电工程（包括大坝工程、水路、厂房等）专业继续开展重点建筑物的挖填设计，优化枢纽布置方案和主体信息模型；同时金属结构（金结）、机电、施工、环保与节水专业一般都以枢纽主体产生的信息模型作为需要的中心模型文件，协同创建各个专业自己的模型文件。水库专业将枢纽主体产生的信息模型作为GIS环境下需要的中心模型文件，协同创建水库信息模型。

4）将环保水保信息模型、机电信息模型、施工信息模型、金属结构信息模型等经过审定的专业模型更新到枢纽主体产生的信息模型中，并生成枢纽信息模型。

5）将生成的枢纽信息模型更新为水库信息模型，生成水利水电工程的最终信息模型。

水利水电工程专业间协同设计工作流程如图3.4-1所示。

3.4.2 基于参数化信息模型的三维协同设计

3.4.2.1 计算机支持协同设计的分类及特点

实践中为了完成一项具体的任务，两个或两个以上的主体设计者（或专家）通过某种程度上的相互协作机制和信息交流，可以与不同的任务设计者一起完成设计目标，这是普遍认同的概念。计算机支持的协同设计更注重为协同团队提供各种设计过程监控和信息交换模式，强调设计决策过程是一个动态的群体合作行为，更注重研究设计活动的动态特征。

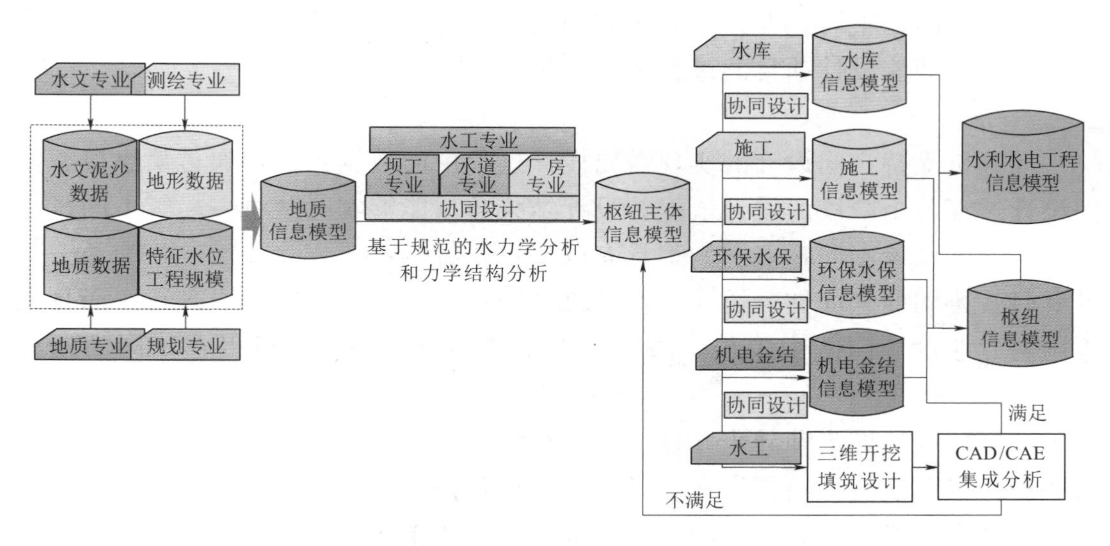

图3.4-1 水利水电工程专业间协同设计工作流程图

1. 协同设计分类

协同设计技术结合了通信技术、计算机技术和多媒体技术，同时可以通过网络共享技术，实现分散在不同地点的设计人员相互依存的协同工作，共同完成一个设计任务，以最大限度地减少生产所用的时间，提高经济效益。协作的实质是通过交流和分享产品设计的信息和知识，提高产品设计过程中决策的准确性，加速决策过程。协同工作不是简单地叠加个体工作，而是一种有机结合，可以产生巨大的经济效益和社会效益。协同设计主要分为四个方面：

（1）设计人员之间的协同。在这个协同中，设计人员可以说是产品创新的主要人物，各种软件只是设计需要用到的辅助工具。在这个协同中不仅需要人机合作，还需要有设计人员之间的协作以及合理的分工，才能共同完成各种任务。

（2）数据和信息的协同。协同设计涉及大量的数据和信息。不同的专业团队根据自己的设计目标采用不同的设计软件。各专业的设计信息不仅是独立的，而且与设计产品和设计过程密切相关。为了保证协同设计过程的顺利进行，各部分必须保持一致性和协作性。

（3）各个专业组织之间协同。在这个协同中，设计产品存在复杂性，所有任务的完成一般都可能需要不同专业组织之间的沟通，并且各个专业组织需要承担的子任务间一般也都存在关联性。每个专业的设计活动开展是有条件的，那就是按照预先设定的顺序协调进行。此外，这种协作需要一个良好的组织结构、组织模式和协作机制，以确保设计过程的高效和高质量完成。

（4）设计环境的协同。项目的协同设计过程是一个跨专业甚至跨企业的活动。不同部门、不同专业、不同企业的设计环境是不同的，设计人员在设计过程中的协作随着设计项目的过程不断变化。

2. 协同设计的特点

计算机支持协同设计的实现需要设计过程中的数据共享，通过信息模型保证设计过程各个阶段的设计依据和设计结果数据能够实时共享。尽管不同行业的协同设计系统不同，但它们都具有以下主要特点：

（1）协同的全面性。协同工作不仅在同一个专业设计团队中进行，而且在不同的专业设计团队中进行；协同工作不受地点的限制，可以在不同的地方进行。

（2）协同的同步和异步并存。在并行设计过程中，同一专业和设计组领域需要进行信息交换，不同专业和设计组领域也需要进行信息流通。同一设计组中的设计人员通常具有相同的设计进度，并同步工作；不同的设计组可以不同步进行设计工作，因此不同专业组之间的协作可能是异步的。

（3）协同数据的实时性。设计数据在设计过程中由专业设计团队不断更新和修改。为了使设计过程顺利进行，专业的设计团队需要轻松获得所需的最新数据。

（4）协同设计的动态安全性。在协同设计过程中，每个设计人员的权限是不同的，设计权限在设计的不同阶段也在变化，同时设计人员也会随着设计进度而变化。因此，在协同设计过程中，有必要建立一定的安全机制，使不同的人在自己的权限内完成任务。

3.4.2.2 基于信息模型的协同设计的优势

与基于二维图纸文件和三维模型的协同设计相比，基于信息模型的协同设计在完整性、相关性、可视化、可操作性等方面具有显著的优势。具体表现如下：

（1）信息数字化。信息模型技术将给水利水电行业带来数字化，从根本上改变项目信息交流的方式，影响项目各方协调合作的工作模式；信息集成传输模式可以替代人与人之间的文件传输，消除信息鸿沟，改善通信；保证信息传输的准确性和完整性，大大降低信息处理过程中人为因素的影响，减少随机性，避免错误。这些都大大提高了业主、设计人员、施工单位和承包商等之间的信息共享程度，提高了信息的准确性。

（2）信息的关联性和一致性。协同设计可以促使设计人员在统一的信息模型条件下进行协同工作。设计过程中所有参与者所采用的设计依据、生产和修改后的数据结果将会反映在信息模型中，避免了信息版本的误用。为了保证协同设计人员之间信息的一致性，信息模型的信息存储功能使模型与其属性信息和相关文档保持关联，提高了海量信息的搜索效率；一旦设计方案发生变化，自动将设计数据与其他技术数据和管理数据关联起来，并自动更新受影响的部分，如数量、预算、时限和工程图纸，使设计人员能够集中精力于创建信息模型。

（3）信息的可操作性。水利水电工程的设计任务不可能也不是一次性能够完成的，需要不断调整和优化建筑结构。从水利水电工程规模上来看，规模越大，每次协调和修改数据所需的精力和时间就越多。在引入与参数化相关的信息模型后，通过实现各组成部分之间的相互关系，整个模型的组成部分可以在功能和几何关系中形成一个整体。当结构的一些尺寸发生变化时，与之对应的结构可以自动调整相关尺寸，可以达到节省大量物力、人力和协同设计的效果。在此过程中，提高了不同设计人员修改模型的效率，缩短了其他设计人员参考模型的等待时间，加快了信息共享和更新的进程。

（4）信息的可分析性。信息模型中的信息和模型的集成促进了信息的可视化分析。例如，通过使用信息模型，施工专业设计人员可以直观地模拟施工设计方案的施工过程，使项目业主、施工单位和其他参与方能够在设计阶段直观地感受项目的实施过程，便于方案比选。

3.4.2.3 基于信息模型的水利水电工程三维协同设计的关键技术

1. 不同软件创建的信息模型的共享转换技术

水利水电项目的设计过程非常复杂，并且也是一个多专业合作过程，设计过程也涉及多种 CAE 数值模拟和 BIM 模型设计软件。不同的 BIM 软件有着不同的建模思想、建模目的和模型容差，而且大多数采用的表达习惯和语言也不尽相同，BIM 建模存在的这些影响因素导致不同软件间的数据信息交流存在一定程度的障碍。为了解决上述问题，开发出相应的数据接口，实现不同数据格式的 BIM 模型之间的数据传输、共享，同时这也是不同专业实现协同设计的必要条件。

上文提到不同 BIM 模型之间的数据共享转化技术，在实现 BIM 模型数据转为 CAE 数值仿真分析模型数据时，可以借用 CAE 对几何实体参数化模型进行强度分析、性能分析、流体力学分析、稳定分析和性能结构优化等的数值仿真计算。在计算的过程中可以不断将 CAE 计算分析得到的结果反馈到 BIM 参数化模型中，做到快速修改模型尺寸等参数，最终可以得到符合各项分析结果要求的优化模型。

2. 协同工作过程控制机制——工作流技术

协同控制的功能是监视和协调设计过程中的各种冲突，管理每个功能组

（或单个设计师）的活动。一方面，在设计过程中，因为不同专业每个设计人员承担的任务不同，知识、设计规则和经验存在差异，可能会出现局部设计内容冲突；另一方面，设计师在设计过程中可能会违反规定。所有这些都可以触发冲突检测机制，然后将冲突信息发送给相关人员。协同设计过程是一个冲突识别和解决的过程。

对产品开发全过程的控制和管理是工作流管理系统的出发点。通过建立过程模型来控制项目开发的过程，正确的信息可以在正确的时间以正确的方式传递给正确的人，从而使决策正确。

工作流技术包含多个模块，具体包括公文管理、协同工作、日程/会议管理、公关信息、系统管理以及常用工具等模块；同时在工作流中还定义了任务的触发条件和触发顺序等，使信息、文档或任务可以根据之前规定的过程规则在每个从事设计的人员之间进行传递和执行。工作流中当工程项目开始立项，项目总设计师就可以依据各个专业的专业分工把工程项目划分成许多个子项目，接着每个子项目的负责人将任务继续下分，进而分配给每个从事设计的人员，最后一步是确定每个任务间的顺序和关系后，项目中的工作流就会按照步骤一步一步进行。

3. 网络通信技术及其安全性

网络通信技术是利用 Web 技术完成网络设计数据和信息的传输。数据管理模块与网络通信模块之间有通信接口，以便于不同专业设计人员之间传输设计数据。网络通信技术需要实现的功能如下：

（1）支持多点视频会议，支持多人同时参加会议。

（2）根据用户权限，支持数据的用户间传输和多用户传输。

（3）提供接口来集成现有的 Internet/Intranet 协作工具，共享网上资源，如 NetMeeting、Skype。

协同设计管理系统是一个多用户、多任务的分布式工作环境，且存在大量的信息流通。协同设计中数据的安全性是协同设计顺利发展的基础，安全性是首要问题。造成不安全的因素主要体现为三个方面：信息资源访问权限、网络数据传输的安全性和人为故意抵抗安全漏洞。

在网络协同设计过程中，设计者需要进行实时的信息交换，因此需要在网络中传输大量的设计数据，可能会面临设计信息的篡改、泄露和伪造等问题。为了保证网络数据传输的安全性，可以采用安全套接字层（Secure Sockets Layer，SSL）等安全协议来解决这一问题。SSL 安全协议是由网景通信公司设计和开发的，主要用于提高传输过程中数据的安全性。主要功能包括：为服务器和用户提供认证；加密、隐藏传输的数据；保证传输过程中数据的完整性。

协同设计系统是一个多用户、多任务的分布式协同工作环境，必须建立相应的访问控制机制，保障数据库资料的安全性。设计系统中不同设计人员或设计小组承担的设计任务不同，对信息的需求内容和程度不同，根据需要设计用户的角色提供相应的用户管理和权限管理，从而使产品数据的操作得到一定的安全控制。根据水利水电行业项目运行特点，可选择基于角色的访问控制技术。在并行协同设计系统中，参与项目设计的人员首先需要注册为系统的用户，一个用户只能隶属于一个静态组织（设计单位不同职能或专业组织），但可以隶属于多个动态组织（不同项目或任务组织）。在每个组织中，用户被分配给不同的角色，这样用户通过其担任的角色获得相应的访问权限，且每个用户可以有多个角色。角色可以分为管理员、组长、普通设计人员等，根据不同的等级赋予不同的权限。

4. 多媒体交流技术

在协同设计过程中，设计师需要进行及时有效的信息交换，这就需要多媒体通信技术的支持，主要包括视频和音频多媒体服务。

多媒体通信技术的主要功能是对音视频信号进行实时编码、传输和压缩。多媒体通信技术主要包括音视频压缩技术和音视频采集技术。

音视频捕获技术的实现可以通过软件或硬件的方法，硬件的实现主要是使用专门的音视频捕获卡，软件的实现可以通过 VFW 和 DirectShow 实现音视频的捕获。

多媒体信息一般来说都是比较大的，为了实现网络中多媒体信息的流畅流动，需要对多媒体信息进行大范围的压缩。同时，音频和视频中存在大量冗余数据，这使得压缩技术更加有效地促进了多媒体通信技术的实现。目前流行的视频回放压缩技术有 MPEG4、DivX 等。

5. 协同数据管理技术

在进行协同设计的过程中，不同专业的设计师在相同的平台上完成设计任务，并实时交换信息。这一过程将产生大量的电子图纸、文件等数据，使得信息量和信息管理难度迅速增加。产品数据管理技术用于管理这些数据就显得尤其重要。

产品数据管理技术可以实现在协同设计过程中的信息识别、采集和转换，数据管理模块需要有接口连接才能发挥作用，对于接口的要求是：具有与不同专业设计工具、软件和网络通信的接口，在设计过程中实现模块间的数据共享和信息交换。以产品结构为中心、以软件技术为基础的产品数据管理（Product Data Management，PDM），其主要作用是组织设计过程中所有产品数据的访问和控制，管理与产品生命周期相关的产品结构、开发过程和开发人员信息；它同时包含动态过程信息和静态数据信息。产品从设计方案确定、理论设计、详细结构设计等阶段对整个设计生命周期数据进行有效的定义和管理，确保数据的一致性、完整性和安全性，便于设计人员使用相关数据。

PDM虽然起步较晚，但是发展迅速，目前已进入PDM的第三阶段。分布式产品开发环境对PDM模块有一定的要求，例如要求PDM模块能够跨越地域、时间和领域的限制等。统一管理整个生命周期的信息，这就要求充分利用计算机网络技术，采用分布式对象技术、分布式数据库技术和面向对象的系统设计方法。PDM系统为每个设计团队提供了一个灵活的产品数据管理工具，这是协同产品设计的基础。

第 4 章

HydroBIM 乏信息综合勘察设计平台研发

HydroBIM 乏信息综合勘察设计平台研发的内容较多，本章以平台建设的总体目标与原则为依据，重点对平台架构及协同设计的流程、平台功能模块、数据库构建和平台特色进行简要介绍。

4.1 平台建设目标和原则

平台建设总体目标是：纵向集成、横向协同、总体管控。

平台建设总体原则如下：

（1）实用性原则。实用性原则是衡量软件质量体系中最重要的指标。是否与业务结合紧密、是否具有严格的业务针对性，是平台成败的关键因素。平台菜单和界面按照工程习惯设计，数据的录入和输出格式均采用工程惯用形式，尽量不打乱工程设计人员的工作模式和习惯，使系统更加适用，且易于推广。

（2）可靠性原则。平台采用分布式设计，模块扩充性好，平台总体构架灵活以便于根据实际网络吞吐量和工作需要而动态扩充，能容纳巨大的负载和多用户的访问量，平台结构模块化设计易于扩充。平台硬件和集成软件均采用国际知名公司推出的产品，保证了系统硬件和集成软件的稳定可靠；同时系统经过模块化调试和整合调试，排除了所有探测出的编译和运行错误。

（3）先进性原则。平台开发应该把握住开发内容，实现手段、方法的先进性。“平台开发”本身的目的就是要系统化、效率化地解决问题，保证解决问题手段、方法的先进性才能真正保证平台的先进和价值体现。平台采用当前先进的硬件设备，先进的网络连接平台，先进的表示层、业务逻辑层、数据访问层开发技术，先进的编程方法，先进的求解算法，在保证平台先进性的同时，体现出若干方面的超前性。

（4）安全性原则。平台必须有高安全性，并对使用信息进行严格的权限管理，在技术上，采用严格的安全和保密措施，确保平台的可靠性、保密性和数据的一致性；具体包括：①口令认证保护，防止非法进入系统；②用户授权，给不同的用户以特定的权限，防止对数据的越权访问；③设置目录和文件权限，限制对重要数据和文件的操作；④对平台需要调用的外部模块采用动态链接库技术进行代码封装；⑤对平台需要调用的过程文件数据进行加密与解密操作。

（5）鲁棒性与可扩充性原则。平台应具有较高的容错能力，有较强的抗干扰性。对各类用户的误操作应有提示或自动消除的能力。此外，平台的硬件和集成软件应具有可扩充的能力，不可因软硬件扩充、升级或改型而使原有系统失去作用，并且开发保留多个软件接口，保证软件的可扩充性。

（6）纵向集成、横向协同原则。平台流程最前端的基础数据格式、模型必须满足枢纽布置设计等下序专业的需求，上序专业数据格式应满足下序专业软件接口要求，并实现横向全流程、多专业共享。

（7）模块化原则。平台开发采用模块化的思想，在保证各个模块之间正常连接的情况下，最大限度地提高各个模块独立运行实现功能的能力。此外，平台建立的各个模块具备较强的封闭性和开放性，能够被其他程序调用，并具有较好的可扩充性。

4.2 平台架构及设计流程

基于 HydroBIM 乏信息综合勘察设计平台的协同设计架构如图 4.2-1 所示。HydroBIM 乏信息综合勘察设计平台集成以下内容：①水文、地形

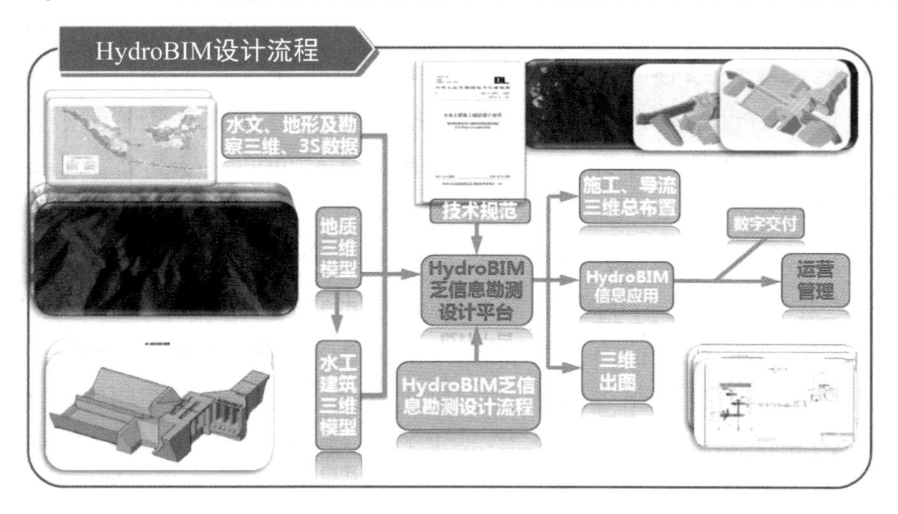

图 4.2-1 基于 HydroBIM 乏信息综合勘察设计平台的协同设计架构

及勘察三维、3S数据；②地质三维模型；③水工建筑三维模型；④相关技术规范。

通过平台内的集成和协同设计，成果应用如下：①施工、导流三维总布置；②三维出图；③HydroBIM信息应用，通过数字化交付，设计成果最终流入运营管理。

4.3　平台功能模块

经过多年的研究与实践，昆明院以水电水利工程为依托研发了独具特色的HydroBIM乏信息综合勘察设计平台，平台以测绘、水文和地质专业数据为基础，实现多源数据在BIM+GIS平台的集成，形成一体化的乏信息综合勘察设计平台。平台由六大模块组成，分别为场景操作、基本工具、测绘专业模块、水文专业模块、地质专业模块、BIM集成，具体如下：

（1）场景操作包括打开项目、创建项目、保存项目、编辑地形、挖空地形、漫游浏览、选择对象、坐标查询、图形绘制，如图4.3-1所示。

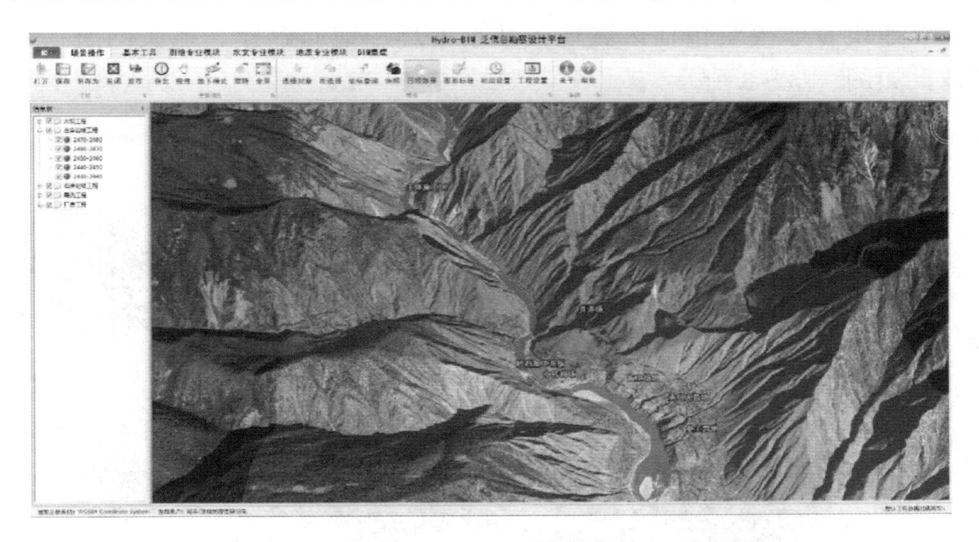

图4.3-1　HydroBIM乏信息综合勘察设计平台场景操作示例

（2）基本工具包括水平距离量算、空间距离量算、地表距离量算、垂直距离量算、地表面积量算、投影面积量算、体积量算、文本标记、图片标记。

（3）测绘专业模块包括剖面分析、坡度坡向计算、通视分析、坡度坡向图、等高线、质量检查、坐标转换、地形三维曲面、影响匀光匀色、影像解译、河道纵横剖面。

（4）水文专业模块包括气象数据处理、降水数据处理、河流流向图、河网提取、河道参数、子流域划分、SWAT模型，如图4.3-2所示。

图4.3-2 HydroBIM乏信息综合勘察设计平台水文专业模块示例

（5）地质专业模块包括区域地质数据处理、地质解译、地质剖面、现场地质调查，如图4.3-3所示。

图4.3-3 HydroBIM乏信息综合勘察设计平台地质专业模块示例

（6）BIM集成包括CAE计算、方案比较、碰撞检测、施工仿真、施工总布置、三维出图。

HydroBIM乏信息综合勘察设计平台功能框架如图4.3-4所示。

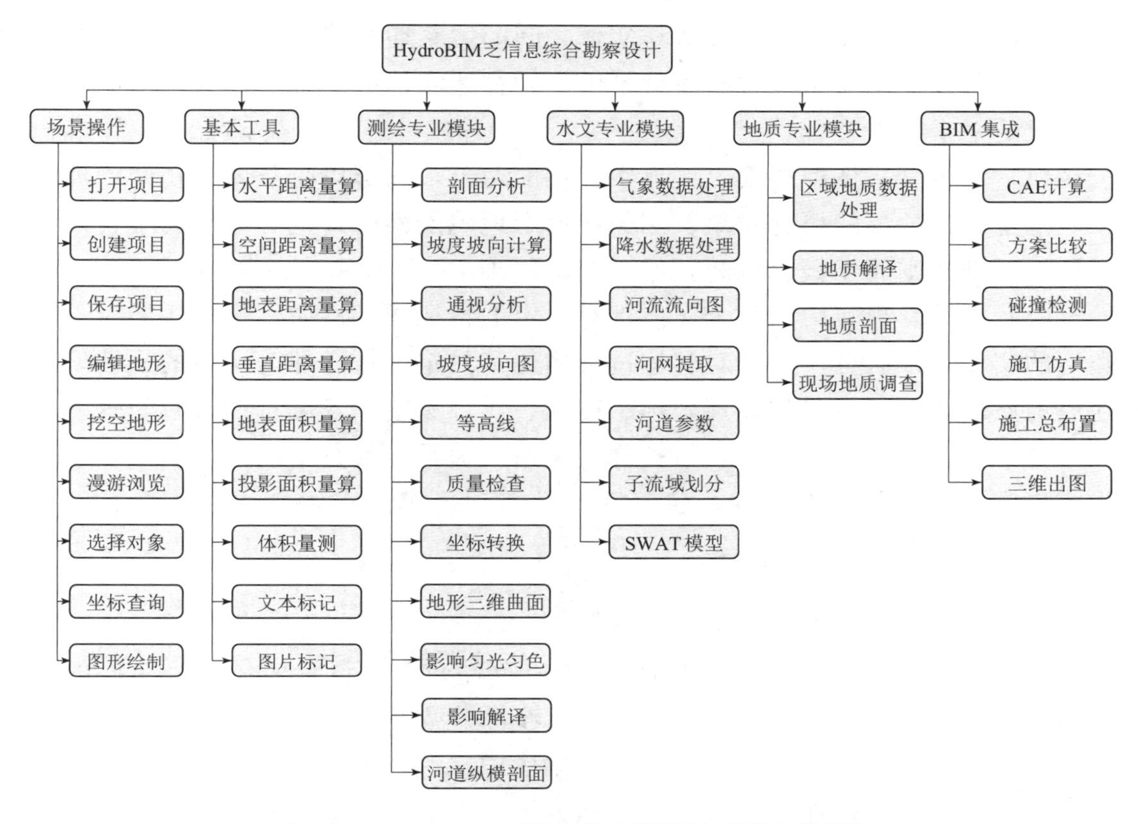

图 4.3-4 HydroBIM 乏信息综合勘察设计平台功能框架

4.4 平台关系型数据库构建

HydroBIM 乏信息综合勘察设计平台数据库采用 MySQL 关系型数据库进行构建。下面进行简要阐述。

4.4.1 关系型数据库

数据库不是将一些数据简单地堆积在一起，而是把一些相互间有一定关系的数据按照一定的结构组织起来的，即数据库是相关数据的有组织的集合。信息是人类对现实世界认识的抽象，数据库存储的是有意义、有结构的信息，这些数据不仅反映现实对象的特性，同时也反映现实中的联系。而用来定义数据库中数据的组织结构的基础就是数据模型，就是用来抽象表示、处理现实世界的数据和信息的工具，也是将现实世界转换为数据世界的桥梁。

在关系模型中，现实世界是由作为实体的对象以及这些对象间的联系组成，即将现实世界抽象成模型中的三个要素：实体、属性和关系。进一步将实体及其属性和关系在数据库中抽象成二维表格，每个表对应一类实体或实体之间的联系，表格中的列（又称为字段）对应实体的属性，而行（又称元组）则对应实体类中的具体实例，实体与实体之间的关系通过建立不同表的主键和外键实现，所以一个关系型数据库就是由这种描述实体的二维表及其之间的联系所组成的一个数据集合。

（1）实体。实体即是现实世界中存在的对象，它可以是具体存在的物理对象，也可以是抽象的概念对象。例如在地形地貌勘察中，地形地貌属于具体的对象，而勘察则属于概念范畴，但它们都属于E-R模型中的实体。

（2）属性。现实中的每个实体都有一定的特征或者性质，这样才能对不同类型的实体加以区分。人们对实体进行描述和界定的概念即为实体的属性，如地震地质的属性可以包括地理坐标、震级、震源深度、发震日期及时间等。

（3）关系。实体之间的联系被称为关系。关系一般是个动词，用来表达行为或事实，例如建筑有构件，建筑选择勘察项目等。实体之间的关系有一对一、一对多和多对多三种。

4.4.2 MySQL关系型数据库构建

MySQL是开源的关系型数据库，用以存储数据。设计表中每个字段的类型和默认值，在MySQL中建好表之后能够将类型不一样的数据储存在同一张数据表中。同时其还有事务机制，在数据库中执行新增、修改或删除操作时是具有原则性的，即操作要么成功，要么失败，不能只是部分数据更新成功。同时事务还具有隔离性以及持久性，也有崩溃恢复机制，在bin-log中记录执行情况，后期数据库崩溃之后重读此日志记录进行数据恢复操作。

在数据表中数据量很多的情况下，为了提升数据查询速度，应该给经常需要查询的字段加上索引。在下一次查询的时候会先根据最左前缀匹配原则通过索引来查询数据，需要注意的是索引虽然能够提升数据查询速度，但是也不能将所有字段都加上索引，因为索引是需要维护的，如果在更新操作列上加上则在每次更新操作的同时要维护索引，这样处理速度将会大大降低。

在使用MySQL数据库的过程中应该注意SQL索引的使用原则、SQL优化原则。SQL优化原则主要是对SQL语句进行优化，首先是通过慢日志查询对有效率问题的SQL进行监控；然后使用explain命令解释执行SQL语句在执行过程中是否走索引，查看是否需要对SQL语句本身进行语法优化等。

4.5 平台特色

4.5.1 平台优势

（1）基于B/S（浏览器/服务器）结构。B/S是现在国际主流的IT技术。

基于B/S模式的三层体系结构将表示层、应用逻辑、数据资源层分布到不同的单元中，使系统具有良好的扩展性，可支持更多的客户，可根据访问量动态配置Web服务器、应用服务器，系统容易扩展且维护简单，代码可重用性好。与传统的C/S（客户机/服务器）体系结构相比，B/S系统结构存在以下优点：

1）客户端零维护。在三层体系结构中，几乎所有的业务处理都是在App-Server上完成的，客户端只需要安装支持WebGL的浏览器即可，不用做其他安装和配置工作，所以也就不存在客户端维护的问题，真正实现了“客户端零维护”。处理业务时，操作员可以直接通过Web浏览器访问WebServer进行业务处理工作。

2）安全性好。在三层体系结构中，客户端只能通过WebServer访问数据库，这大大提高了系统的安全性。如果系统需要更高的安全性，还可以通过防火墙进行屏蔽。

3）可扩展性好。三层体系结构可扩展性的优势体现在以下方面：①商务逻辑与用户界面及数据库分离，使得当用户业务逻辑发生变化时只需更改中间层的控件/构件即可；②便于数据库移植，客户端不直接访问数据库，而是通过一个中间层进行访问，所以在改变数据库、驱动程序或存储方式时无须改变客户端配置，只要集中改变中间件上的持久化层的数据库连接部分即可。

4）资源重用性好。由于将业务逻辑集中到AppServer统一处理，三层体系结构可以更好地利用共享资源。例如数据库连接是一项很消耗系统资源、影响响应时间的工作，在三层体系结构中可以将数据库连接放在缓冲池中统一管理，由不同应用共享，并有效控制连接的数量。

（2）基于大型数据库。目前市场上主要的数据库系统有DB2、Oracle、MySQL等。这些数据库可以将结构化、半结构化和非结构化文档的数据直接存储到数据库中；可以对数据进行查询、搜索、同步、报告和分析等操作；数据可以存储在各种设备上，从数据中心最大的服务器一直到桌面计算机和移动设备，它都可以控制数据而不用管数据存储在哪里。这个平台有以下特点：

1）可信任。使得公司可以以很高的安全性、可靠性和可扩展性来运行他们最关键任务的应用程序。

2）高效。使得公司可以降低开发和管理数据基础设施的时间和成本。

3）智能。提供了一个全面的平台，可以在用户需要的时候给他发送信息。

（3）基于中间件技术（应用服务器）。应用服务器可使系统具备良好的可扩充性、扩展性、维护方便、开发速度快的特性。应用了中间件技术，利用EJB封装业务逻辑和业务规则，分离了表现逻辑（图形界面）和业务逻辑（业务流程），也分离了业务逻辑和数据存储。同时可以根据系统的需求以及其业务规模，方便快捷地搭建商务系统，实现具体业务，且系统在安全性、可重用性等方面都有较好的表现。

4.5.2 平台特点

（1）在不开展现场勘察（或仅用极少量现场勘察）工作的情况下，充分发挥了网络技术、3S技术、计算机技术、三维建模与可视化技术、BIM技术、数据挖掘等的技术优势，以利用互联网、卫星等取得的数据和资料为基础，实现多专业的数据集成与应用，完成基础设施工程勘察设计的各个环节的工作。

（2）保证勘察设计决策正确。在勘察设计阶段，设计人员需对拟建项目的选址、方位、外形、结构形式、耗能与可持续发展问题、施工与运营概算等问题做出决策，BIM技术可以对各种不同的方案进行模拟与分析，且为集合更多的参与方投入该阶段提供了平台，使做出的分析决策早期得到反馈，保证了决策的正确性与可操作性。

（3）更加快捷与准确地绘制3D模型。BIM软件可以直接在3D平台上绘制模型，并且所需的任何平面视图都可以由该3D模型生成，准确性更高且直观快捷。

（4）多个系统的设计协作进行、提高设计质量。BIM整体参数模型可以对建设项目的各系统进行空间协调、消除碰撞冲突，大大缩短了设计时间且减少了设计错误与漏洞。同时，结合运用与BIM建模工具有相关性的分析软件，可以对拟建项目的结构合理性、空气流通性、光照与温度控制、隔音隔热、供水、废水处理等多个方面进行分析，并基于分析结果不断完善BIM模型。

（5）可以灵活应对设计变更。对于施工平面图的每一个细节变动，Revit软件将自动在立面图、截面图、3D界面、图纸信息列表、工期、预算等所有相关联的地方做出更新修改。

（6）提高可施工性。BIM可以通过提供3D平台加强设计与施工的交流，让有经验的施工管理人员在设计阶段早期植入可施工性理念。

（7）为精确化预算提供便利。在设计的任何阶段，BIM技术都可以按照定额计价模式根据当前BIM模型的工程量给出工程的总概算。

（8）利于低能耗与可持续发展设计，具有良好的推广和应用前景。

第 5 章

红石岩堰塞湖应急处置与开发利用工程应用

5.1 概述

本章介绍了在缺乏水文、气象、地形、地质等需要现场实测和综合勘察的基础数据（乏信息）的情况下，红石岩堰塞湖应急处置与开发利用工程利用互联网、卫星等获取基础数据，并利用专业软件对基础数据进行处理、转化，完成了地形地质建模、交通工程、除险防洪工程、堰塞湖影响受灾群众安置规划、电站重建工程和其他工程、投资估算等设计工作的全过程。

2014 年 8 月 3 日 16 时 30 分，云南省鲁甸县发生 6.5 级地震，地震造成重大的人员伤亡，对人民生命财产和基础设施造成巨大的破坏。8 月 3 日 17 时 40 分，昭通市防汛抗旱指挥部办公室（以下简称“防办”）接到昭阳区水利局情况报告，在鲁甸县火德红乡李家山村和巧家县包谷垴乡红石岩村交界的牛栏江干流上，因地震造成两岸山体塌方形成堰塞湖。8 月 4 日下午，云南省测绘地理信息局 4 个无人机组经过长达 2h 的飞行，获取了堰塞湖牛栏江红石岩村段的 0.2m 高分辨率影像。经初步解译并综合其他信息判断，山体滑坡严重，堰塞湖水位上涨已近 30m，水面面积已为正常水位的 3 倍。截至 8 月 6 日 14 时，牛栏江红石岩段堰塞湖水位为 1176.42m，较 5 日 14 时上涨 1.82m，涨势趋缓。红石岩堰塞湖蓄水约 5600 万 m^3，入湖流量 $209m^3/s$，出湖流量 $120m^3/s$。云南省昭通鲁甸地震抗震救灾指挥部举行新闻发布会，由云南省政府、抢险部队和水利部有关负责人通报堰塞湖应急抢险情况。据悉，经过解放军、武警和民兵预备役部队 1100 多名官兵 7 天紧张奋战，牛栏江堰塞湖泄流槽于 8 月 12 日 17 时全面打通，标志着牛栏江堰塞湖险情基本排除。红石岩堰塞体长度约 910m，后缘岩壁高度约为 600m，最大坡顶高程约为 1843.7m，堰塞体方量为 1000 余万 m^3，高约 103m，属特大型崩塌。堰塞湖风险等级为最高级别（Ⅰ级）。此次云南鲁甸地震形成的牛栏河红石岩段堰塞湖，上游影响人口 0.9 万人、耕地 8500 亩；下游影响 10 个乡镇，人口 3 万余人、耕地3.3万亩。

为永久治理红石岩堰塞湖，国家当即决定以“兴利除害，变废为宝”的思路，在此兴建红石岩水利枢纽工程，并及时组建设计团队。由全国勘察设计大师、昆明院总工程师张宗亮担任设计总负责人，陈祖煜院士担任顾问。针对红石岩堰塞湖整治工程时间紧、任务重、难度大等特点，设计团队根据中央“切实做好堰塞湖后续处置和整治”的指示精神，结合工程实际，确立了“先除害、再兴利、轻重缓急，分期开展后期电站重建工程等工作”的路线。以乏信息条件下水利水电工程综合勘察设计技术为基础，采用3S、全三维数字化设计手段，完成了可行性研究阶段的各项勘察设计工作。

工程处理范围共涉及9.443km^2，堰塞湖淹没区6.12km^2，堰塞湖影响区0.648km^2，受灾群众搬迁安置人口共计3693人。红石岩堰塞湖整治工程可行性研究阶段的设计参数为：从不影响小岩头水电站厂房防洪安全的角度出发，本阶段推荐红石岩堰塞湖永久性整治工程汛期排沙运行水位1190.00m（6—9月），水库正常蓄水位1200.00m，死水位初选为1180.00m，装机容量180MW。电站大坝设计洪水洪峰流量3520m^3/s（$P=1\%$），设计洪水位为1200.09m，相应库容1.33亿m^3；大坝校核洪水洪峰流量6530m^3/s（$P=0.02\%$），校核洪水位1205.61m，总库容1.60亿m^3。

5.2 红石岩堰塞湖工程乏信息综合勘察设计

5.2.1 工程方案策划

堰塞体在变形和渗流方面达到稳定状态，满足开发利用要求。尽管规划和拆除成本巨大，但通过开发利用，堰塞体可以转化为水源保障工程，变废为宝，提供清洁、优质能源。针对红石岩堰塞湖应急处置与开发利用工程时间紧、任务重、难度大等特点，设计团队及时召集人员进行工程方案策划，确定以乏信息综合勘察设计技术为主，辅以BIM技术、三维设计等先进手段进行方案设计，并制定了切实可行的实施方案。

5.2.2 现场勘测与数据采集

5.2.2.1 水文资料的采集

以乏信息技术为主，辅以3S技术等手段，完成了工程流域、气象、水位、流量、降水、蒸发、径流、洪水、泥沙等基础资料的采集，达到了规划和设计要求。典型的水文资料见表 5.2-1～表 5.2-4 和图 5.2-1。

表 5.2-1　　牛栏江流域各主要水文站资料情况一览表

站名	流域面积/km²	观测项目	流量资料	泥沙资料
七星桥	2573	水位、流量、降水、蒸发、泥沙	1959年1月—2012年12月	1961年1月—2012年12月
德泽	4572	水位、流量、降水、蒸发	1953年6月—1961年12月	无
黄梨树	7198	水位、流量、降水、蒸发	1976年1月—2012年12月	无
新桥	7862	水位、流量、降水、蒸发	1953年7月—1956年7月	无
河湾子	7922	水位、流量、降水、蒸发、泥沙	1956年7月—1975年12月	1960年1月—1975年12月
大沙店	11412	水位、流量、降水、泥沙	1956年6月—1960年12月（水位） 1966年5月—1982年12月 2011年1月—2012年12月	1966年6月—1982年12月
回龙湾	12365	水位、流量、降水、泥沙	1968年1月—1973年12月	1968年1月—1973年12月
小河	13130	水位、流量、降水	1972年1月—2010年12月	无
罗家河	13252	水位、流量、降水、蒸发、泥沙	1959年1月—1968年12月	1964年1月—1967年12月

表 5.2-2　　红石岩坝址多年平均月流量成果

项目	6月	7月	8月	9月	10月	11月	12月	1月	2月	3月	4月	5月	年
流量/(m³/s)	149.0	245.0	270.0	237.0	187.0	117.0	78.0	62.6	53.1	46.0	41.4	50.9	128
占比/%	9.7	15.9	17.5	15.4	12.2	7.6	5.1	4.1	3.5	3.0	2.7	3.3	100

表 5.2-3　　水文站历史洪水成果表

站名	年份	洪峰流量/(m³/s)	一日洪量 W_1/亿 m³	三日洪量 W_3/亿 m³	七日洪量 W_7/亿 m³	排位	重现期/a	频率/%	可靠程度
大沙店站	1886	3620	2.53	6.79	13.22	1	1/128	0.78	供参考
	1929	3010	2.11	5.64	10.99	1	1/95	1.05	较可靠
	1919	2270	1.59	4.26	8.29	2.5	2.5/95	2.63	较可靠

续表

站名	年份	洪峰流量/(m^3/s)	一日洪量 W_1/亿 m^3	三日洪量 W_3/亿 m^3	七日洪量 W_7/亿 m^3	排位	重现期/a	频率/%	可靠程度
大沙店站	1924	2270	1.59	4.26	8.29	2.5	2.5/95	2.63	较可靠
	1968	1950	1.29	3.42	6.65	4	4/95	4.21	可靠实测
	1948	1650	1.16	3.09	6.03	5	5/95	5.26	较可靠
	1945	1540	1.08	2.89	5.63	6	6/95	6.32	供参考
小河站	1924	3880～4210	2.72～2.95	6.87～7.45	13.50～14.65	1	1/95	1.05	较可靠
	1929	3430	2.40	6.07	11.93	2	2/95	2.11	较可靠
	1919	3260	2.28	5.77	11.34	3	3/95	3.16	较可靠
	1968	2740	1.86	4.83	9.26	4	4/95	4.21	可靠实测
	1945	2530	1.77	4.48	8.80	5	5/95	5.26	较可靠
	1948	2280	1.60	4.03	7.93	6	6/95	6.32	供参考

表 5.2-4 大沙店站、小河站及坝址洪水频率成果表

单位：洪峰流量 Q_m，m^3/s；洪量 W_i，亿 m^3

站点	项目	统计参数			频率									
		均值	C_v	C_s/C_v	0.01%	0.02%	0.1%	0.2%	0.5%	1%	2%	3.33%	5%	10%
大沙店	Q_m	943	0.6	4	6080	5630	4580	4130	3540	3090	2650	2330	2080	1660
	W_1	0.66	0.59	4	4.16	3.86	3.14	2.84	2.43	2.13	1.83	1.61	1.44	1.15
	W_3	1.75	0.58	4	10.8	10.0	8.17	7.38	6.35	5.57	4.80	4.23	3.79	3.04
	W_7	3.42	0.57	4	20.6	19.1	15.6	14.2	12.2	10.7	9.25	8.18	7.33	5.91
小河站	Q_m	1170	0.66	4	8580	7910	6360	5700	4830	4190	3550	3090	2720	2120
	W_1	0.82	0.64	4	5.77	5.32	4.30	3.86	3.28	2.85	2.43	2.12	1.88	1.47
	W_3	2.10	0.63	4	14.5	13.4	10.8	9.70	8.27	7.20	6.14	5.37	4.76	3.75
	W_7	4.20	0.62	4	28.3	26.2	21.2	19.1	16.3	14.2	12.1	10.6	9.44	7.46
坝址	Q_m				7060	6530	5280	4750	4050	3520	3000	2630	2330	1840
	W_1				4.79	4.43	3.60	3.24	2.76	2.41	2.07	1.81	1.61	1.28
	W_3				12.3	11.3	9.20	8.29	7.10	6.21	5.33	4.68	4.17	3.32
	W_7				23.6	21.9	17.8	16.1	13.8	12.1	10.4	9.13	8.16	6.52

1. 地形、地貌

红石岩堰塞湖所处流域河谷侵蚀下切十分强烈，两岸山高坡陡，滑坡、崩塌及泥石流等不良物理地质作用发育，岩体风化、卸荷作用强烈，属构造剥蚀

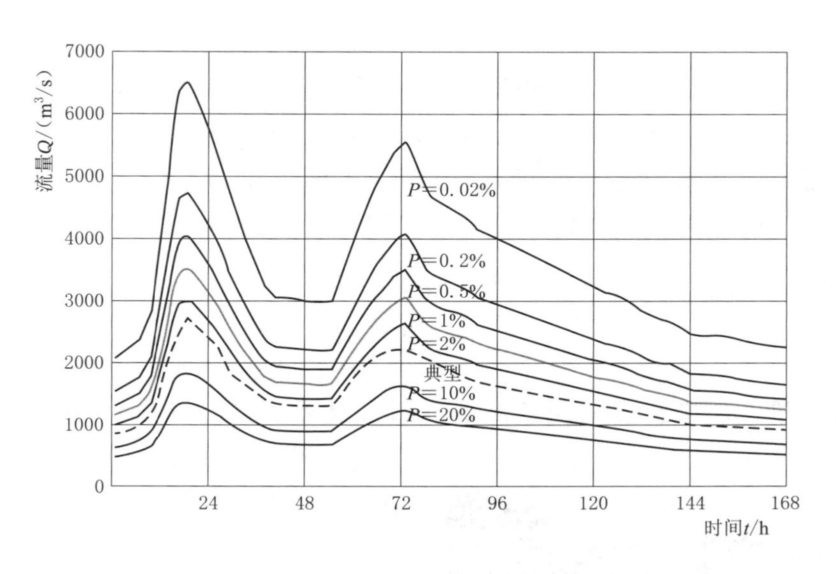

图 5.2-1 红石岩坝址设计洪水过程线图

为主的中高山峡谷区，基岩多裸露。河床及两岸分布的地层主要为奥陶系中统巧家组中厚层状白云质灰岩、白云岩，局部夹砂岩。岩层总体倾向下游偏右岸，倾角 20°～25°。左岸坡中下部第四系坡崩积物堆积厚 10～25m，冲沟发育，右岸基岩多裸露，仅在陡坡脚分布体积约 30 万 m^3 滑坡体。两岸坡以层间挤压面及岩层面等Ⅳ～Ⅴ级结构面为主，平行于河流走向发育垂直卸荷裂隙，间距 1～2m。两岸岩体垂直强风化深度 20～25m；水平深度：左岸 20～25m，右岸 25～30m。河床冲积层为砂砾石、漂石及淤泥质粉土，厚度为 15～35m。

流域自然边坡多处于基本稳定状态，区内地震地质构造背景十分复杂，地震活动较为强烈，因此在地震作用下极易在岸坡形成规模不等的崩塌、滑坡、地震等地质灾害。

2. 河流水系

堰塞湖所处流域牛栏江发源于昆明市寻甸回族彝族自治县金所乡老黄山杨林海，属长江流域金沙江下段右岸一级支流，为滇黔省际河流，源地高程 2295m。流经寻甸、嵩明、沾益、宣威、会泽、鲁甸、巧家、昭通，于巧家县红山乡棉花地注入金沙江，汇口点高程 527m。果马河为其主源，八步海至马过河汇口一段称车洪江，以下称牛栏江。牛栏江主要支流有马过河、西泽河、野牛圈河、硝厂河等，流域面积大于 1000km^2 的河流有西泽河、硝厂河、耐书河 3 条；流域面积为 500～1000km^2 的河流有马过河、野牛圈河、干河（硝厂河支流）3 条，流域面积为 100～500km^2 的河流有 28 条。在昭通市巧家县境内有控制站小河水文站。

3. 气候特征

牛栏江流域的下游（昭通市境内）属温带高原季风气候，年温差大、日温差小，干湿季节分明。流域内河谷和山岭地势高低悬殊，立体气候较为明显。流域内鲁甸气象站多年平均气温为12℃，最低气温为－11.5℃，最高气温为32.9℃，年平均蒸发量为1679.7mm。

5.2.2.2 地形地质资料的采集

1. 地形资料

根据地理、环境状况，测绘专业通过新技术、新方法，充分利用现场收集的资料和实测的数据（图5.2-2），采用无人机航测遥感新技术辅以少量像控点，结合地面三维激光扫描仪获取的点云数据进行加工处理，制作可以满足现阶段设计要求的基础地理信息数据。

图5.2-2 红石岩堰塞湖地形数据采集

该阶段主要完成的测绘成果包括：①红石岩堰塞湖永久性整治工程区1∶2000地形图及数字高程模型；②堰塞湖区1∶5000地形图及数字高程模型。

主要利用无人机和遥感卫星获取地形资料，用于堰塞湖规模、次生灾害范围确定与灾情评估，为抢险救灾、工程勘测与设计等提供基础资料。

2. 地质资料的采集与工程地质条件分析

红石岩堰塞湖整治工程面临的工程地质条件和地质环境主要有以下特点：

（1）红石岩堰塞体的崩塌堆积层上部为孤石块石层，存在松散、架空的现象，而堰塞体崩塌堆积层下部为碎块石混粉土层，较密实，但在长期的沉降过程中存在变形的可能性。

（2）坝址左岸为古滑坡堆积体，滑坡表层发育多处裂缝，同时在堰塞坝施工时对滑坡前缘开挖形成较陡斜坡，在余震、降雨及堰塞湖水位上升以及前缘开挖等综合作用下，滑坡体稳定性将变差，局部会产生滑移变形，并存在渗漏变形问题。

（3）坝址右岸原始斜坡陡峻，新近崩塌滑移形成的垂直边坡高达150～200m，岸坡最高处达700m。岩性软硬相间，岩性分布、结构面组合对边坡稳定均不利，岸坡稳定性很差。

（4）近坝库段及库区岸坡受地震影响，局部地段覆盖层较厚，发育有规模不等的塌滑堆积体和崩塌堆积体，库岸稳定性差。其中，红石岩村古滑坡、江边村滑坡、珍珠岩及王家坡潜在不稳定斜坡对枢纽工程安全及施工安全均存在影响，王家坡后缘崩滑体及前缘土质滑坡对施工安全存在一定影响。

（5）库区河谷两岸地势陡峭，岩性主要为白云岩和砂、页岩及灰岩等，可溶岩与非可溶岩相间分布。白云岩中沿断裂及岩层面等结构面有岩溶发育，以溶蚀裂隙为主，需进行水库渗漏问题研究。

由以上特点可知，红石岩堰塞湖地质条件复杂、工程地质问题突出，与常规工程勘察相比，堰塞湖工程勘察难度极大。

因此在技术层面上以乏信息技术为主，收集了工程区各类地质数据和资料，并进行了加工处理，辅以地形地貌资料，完成了工程构造稳定性、水库区工程地质条件、堰塞体基础工程地质条件、堰塞体工程地质条件、泄洪冲沙洞及溢洪洞工程地质条件、非常溢洪道工程地质条件、引水发电系统工程地质条件以及天然建筑材料等的评价和方案设计工作。图 5.2－3 所示为红石岩堰塞湖局部图。

图 5.2－3　红石岩堰塞湖局部图

利用 GIS 相关软件，结合地质信息数据库，可自动生成区域地质图、构造纲要图、历史地震震中分布图等。在乏信息条件下，生成的图件在一定程度上具有全面丰富、层次清晰、表达直观、无重复和遗漏的优势。

采用网络数据检索技术、数据库技术、遥感地质解译技术及地质空间分析技术，突破了传统地质工作模式的限制，为解决乏信息条件下水电工程规划地质影响研究问题提供了一种新思路，其工作模式值得借鉴。

5.2.3　工程设计

以乏信息技术为主，基于各类基础数据和资料的处理成果，完成了地形地质建模、交通工程、除险防洪工程、堰塞湖影响受灾群众安置规划、电站重建工程和其他工程、投资估算等的设计工作。

5.2.3.1 地形地质建模

对收集到的红石岩堰塞湖地形地貌、地震地质数据进行整编处理，得到符合技术要求和工程需求的基础数据，在此基础上建立了红石岩堰塞湖三维地形与地质模型，如图 5.2-4 所示。

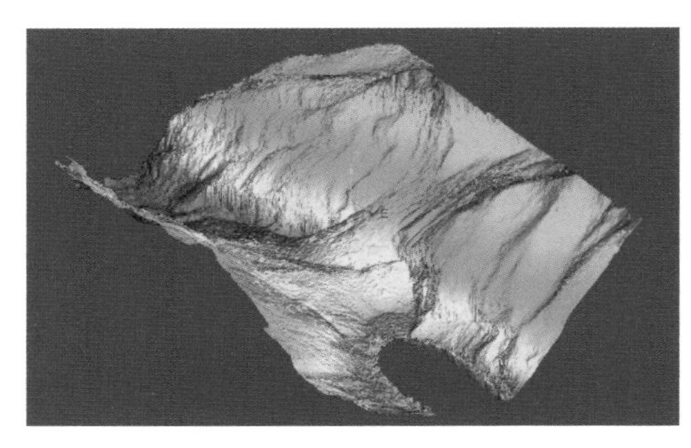

(a) 三维地形模型

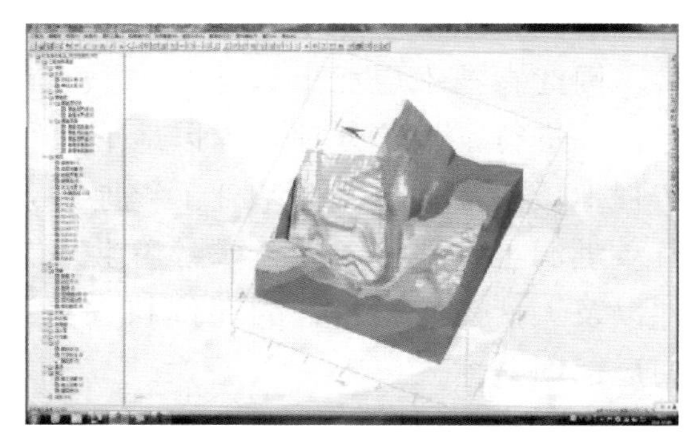

(b) 三维地质模型

图 5.2-4 红石岩堰塞湖三维地形与地质模型

5.2.3.2 交通工程

收集的交通资料主要用于工程对外交通的规划设计工作。红石岩水利枢纽工程对外交通方案如图 5.2-5 所示。

图 5.2-5 红石岩水利枢纽工程对外交通方案

5.2.3.3 除险防洪工程

基于各基础专业采集数据资料的整编和处理成果，完成了除险防洪工程的堰塞体整治、永久泄水建筑物、左右岸边坡治理、安全监测设计、泄洪冲沙系统金属结构设备、主要工程量等的设计工作。典型成果见表 5.2-5～表 5.2-8 和图 5.2-6。

表 5.2-5　　两个断面不同工况下坝坡稳定最小安全系数

坝坡		正常运行工况	非常运用工况Ⅰ校核洪水	非常运用工况Ⅱ	
				0.273g 地震	0.456g 地震
最大断面	上游坡	2.095	2.083	1.423	1.209
	下游坡	2.802	2.757	1.986	1.672
非常溢洪道中心断面	下游坡	1.600	—	1.353	1.221
允许安全系数		1.5	1.3	1.2	

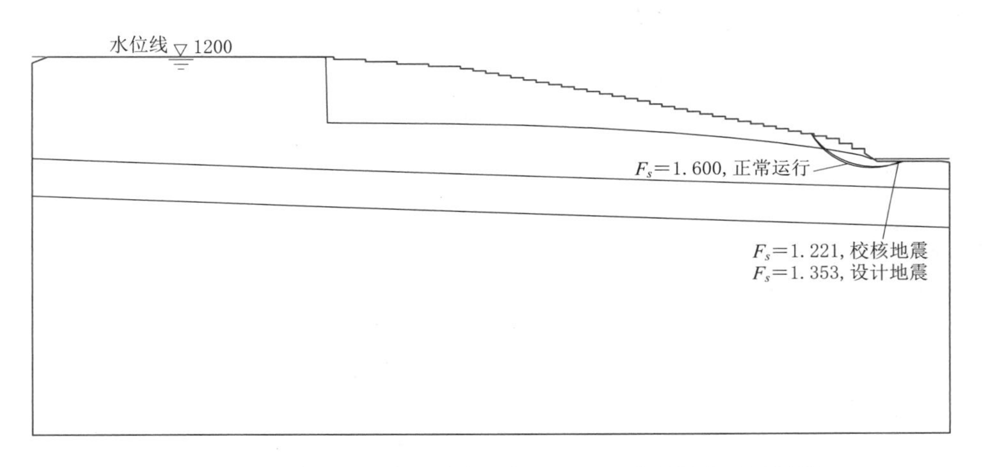

图 5.2-6　非常溢洪道中心线断面各工况上下游坡最危险滑弧位置

表 5.2-6　堰塞体应力变形计算结果（蓄水至正常蓄水位 1200m）

计算断面	向下游最大水平位移/cm	竖向位移/cm	防渗墙最大水平位移/mm
最大断面（M1 参数）	14.1	83.9	1.16
最大断面（M2 参数）	43.5	115.2	1.27
最大断面（M3 参数）	51.1	152.9	7.89
非常溢洪道中心线断面（M1 参数）	23.8	64.6	1.89
非常溢洪道中心线断面（M2 参数）	32.0	76.6	4.16
非常溢洪道中心线断面（M3 参数）	61.8	102.2	5.34

表 5.2-7　　不同宽度溢洪道调洪成果及泄量分配对比表

调洪成果及泄量	40m 宽溢洪道	80m 宽溢洪道
校核水位（$P=0.02\%$）/m	1206.78	1205.61
洪峰流量/(m^3/s)	6530	6530
最大泄量/(m^3/s)	6049	6194
削峰流量/(m^3/s)	481	336
削峰比例/%	7.35	5.15
溢洪洞泄量/(m^3/s)	3730	3729
泄洪洞泄量/(m^3/s)	938	932
非常溢洪道泄量/(m^3/s)	1381	1534
非常溢洪道单宽流量/[m^3/(s·m)]	34.53	19.18

表 5.2-8　　主要工程量汇总表

项　目	单位	堰塞体加固处理	非常溢洪道	泄洪冲沙洞	溢洪洞	下游护岸	边坡治理	合计
土方明挖	万 m^3	2.95	7.06	1.67	2.14	12.30	148.10	174.22
石方明挖	万 m^3	26.52	63.52	14.98	19.26	4.77	54.10	183.15
石方洞（井）挖	万 m^3	0.21		2.45	42.28			44.94
土石方回填	万 m^3		1.12	0.52	0.68			2.32
混凝土	万 m^3	0.04	1.37	4.39	14.73	3.57	0.71	24.81
钢筋	t	643	2294	2142	12450	2124	381	20034
挂网钢筋 ϕ6.5	t			91	235	24	81	431
锚杆	根	390	4595	11943	27125	2315	4464	50832
锚筋桩	根			726	206	304	1375	2611
锚索	束			70	300	103	339	812
钢板、型钢	t			5507	919			6426
喷混凝土 C20	万 m^3		0.22	0.53	1.69	0.14	4.42	7.00
浆砌石	万 m^3			0.05	0.05		0.14	0.24
固结灌浆	万 m			0.74	2.56			3.30
回填灌浆	万 m^2			1.69	2.58			4.27
堆石体帷幕灌浆	万 m	2.43						2.43
帷幕灌浆	万 m	1.88						1.88
防渗墙	万 m^2	2.94						2.94
铜片止水	m		1404	111	367			1882
橡胶止水	m			917	7613			8530
排水孔	万 m			0.43	3.44	0.62	0.44	4.93
砖砌体 M10	m^3			21	31			52.00

5.2.3.4 堰塞湖影响受灾群众安置规划

红石岩堰塞湖形成后，堰塞体迎水面最高水位达到 1180m，上游部分土地及房屋被淹没。为确保上下游居民群众生命财产安全，根据《昭通鲁甸“8·03”地震牛栏江红石岩堰塞湖排险处置指挥部关于做好牛栏江红石岩堰塞湖威胁区群众安全转移工作的紧急通知》（鲁震牛堰明电〔2014〕1号）要求，堰塞湖上游群众按照 1226m 高程线进行了转移安置。转移范围涉及曲靖市会泽县纸厂乡、迤车镇，昭通市鲁甸县龙头山镇、火德红镇、江底镇，巧家县包谷垴乡共 2 个市 3 个县 6 个乡镇。红石岩堰塞湖应急处置与开发利用工程影响涉及的相关乡镇均属于重灾区或极重灾区，区域群众房屋在地震中损毁严重，部分房屋也被红石岩堰塞湖直接淹没。

1. 安置规划

（1）生产安置规划。红石岩堰塞湖影响受灾群众规划水平年生产安置人口 2472 人，其中，红石岩堰塞体整治区 143 人，堰塞湖淹没影响区 2329 人，鲁甸县生产安置人口为 1067 人，会泽县生产安置人口为 1169 人，巧家县生产安置人口为 236 人。根据初步拟定的农业安置人均配置 1.2 亩[1]标准耕地或同等质量土地资源，各个行政村涉及生产安置人口共需配置 2966 亩标准耕地。

（2）搬迁安置规划。红石岩堰塞湖淹没影响受灾群众搬迁安置人口共计 3693 人（会泽县 1601 人，鲁甸县 1912 人，巧家县 180 人），其中整治水位 1200～1226m 群众转移线范围内搬迁安置人口 2217 人，已淹没水位 1180m 至整治水位（1200m）范围内搬迁安置人口 488 人，已淹没水位 1180m 以下范围内搬迁安置人口 867 人，滑坡体范围内搬迁安置人口 121 人。初步规划 10 个集中居民安置区规划安置受灾群众 1923 人，新建居民点占地规模为 226 亩，场外道路规划汽车便道 2 条 8.3km、乡村道路 9.9km，场外供水 56.13km，场外供电 32.3km。

2. 投资估算

红石岩堰塞湖影响受灾群众安置规划静态总投资费用为 50693.77 万元，其中农村部分投资费用为 30751.88 万元，专业项目投资费用为 8673.6 万元，库底清理费 77.17 万元，其他费用 4104.02 万元，预备费 6541 万元，有关税费 546.1 万元。红石岩堰塞湖影响受灾群众安置总投资估算见表 5.2-9。

5.2.3.5 电站重建工程和其他工程

红石岩水利枢纽工程项目团队完成了电站重建工程、堰塞湖下游地震受灾

[1] 1 亩≈667m^2。

群众供水及灌溉工程、环境影响及水土保持、施工组织设计等工作，部分成果如图5.2-7和图5.2-8所示。

表5.2-9 红石岩堰塞湖影响受灾群众安置补偿投资估算表

序号	项　目	单位	单价/元	费用/万元	备注
一	农村部分补偿费			30751.88	
二	专业项目补偿费			8673.6	
三	库底清理费			77.17	
四	其他费用			4104.02	
1	前期工作费	按照一～三项之和的2%		790.06	
2	勘测设计科研费	按照一～三项之和的2.5%		987.57	
3	实施管理费	按照一～三项之和的3%		1185.08	
4	实施机构开办费	按照一项的1%		395.03	
5	技术培训费	按照一项的0.5%		153.75	
6	监督费	按照一～三项之和的1.3%		513.53	
7	咨询服务费	按照一～三项之和的0.2%		79	
五	预备费				
	基本预备费	按一～四项之和的15%		6541	
六	有关税费			546.1	
七	总投资（静态）			50693.77	

（a）进水口三维效果图

（b）左岸边坡三维效果图

图5.2-7 红石岩水利枢纽工程三维效果

（a）三洞三维设计

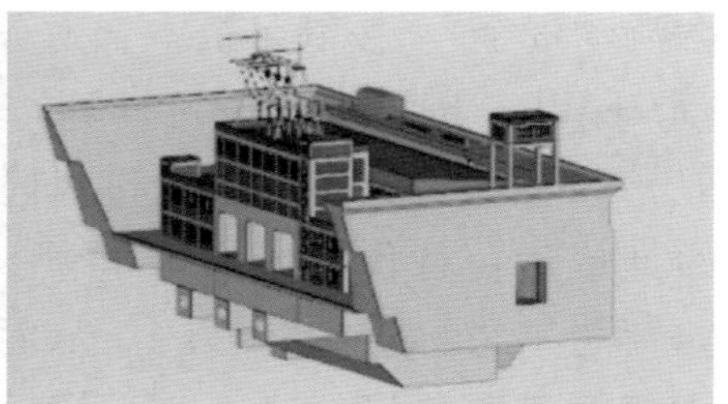

（b）厂房三维设计

（c）溢洪道三维设计

（d）进水口三维设计

（e）导流洞封堵门三维设计

（f）非常溢洪道

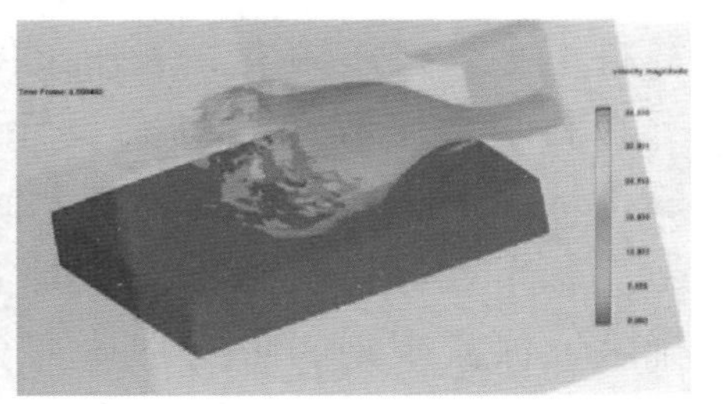

（g）CFD流态分析

图 5.2-8 红石岩水利枢纽工程设计成果

5.3 工程效益分析

从工程带来的直接效益和间接效益两个方面对工程项目进行综合评价。

经采用以新建脱硫燃煤火电的方式满足系统的电力电量需求作为替代方案对工程项目国民经济评价指标的计算及分析，该工程经济内部收益率为28.40%，高于社会折现率8%，经济净现值为140951.25万元，远大于0，说明该项目经济上合理。敏感性分析计算结果表明，该项目具有较好的抗风险能力。

电站重建和灌溉、供水工程静态总投资133028.99万元，总投资125949.09万元（含流动资金），按满足资本金财务内部收益率10%测算的电站上网电价为0.2848元/kWh，按该上网电价计算，工程各项财务指标较好。财务敏感性分析表明，该工程项目具有一定的抗风险能力。

项目建成后可替代燃煤火电电量8.22亿kWh，按火电标煤耗300g/kWh计算，每年可节省标煤约24万t，从而减少大量的废气、废水和废渣的排放所造成的大气污染和环境污染，其环境效益显著。

工程的电力电量主要送云南电网消纳，能在一定程度上减少石化能源消耗，优化能源结构，符合我国的能源产业政策。对云南省培育水电支柱产业和“西电东送”战略的实施具有重要作用。同时工程还承担了鲁甸县龙头山、乐红、梭山3个乡镇，巧家县苞谷垴、老店、新店、小河、红山5个乡镇，昭阳区田坝乡，共3个县（区）9个乡镇的灌溉供水任务，实现以电养农，充分发挥了工程建设的社会效益。

5.4 技术方案与成效评价

为做好红石岩堰塞湖永久治理和开发利用工作，在时间紧、任务重、勘察设计资料不足、余震频发、工作条件恶劣等极端条件下，设计团队以乏信息条件下水利水电工程综合勘察设计技术为基础，采用3S、全三维数字化设计手段，从地形、地质数据采集，到边坡、堰塞体、库岸监测，以及枢纽布置、施工总布置等，实施方案设计各相关专业均采用数字化技术和手段，完成了排险、河流规划、可行性研究等三大任务。8月5—19日（现场排险阶段），充分利用3S、三维设计等数字化技术协同完成了堰塞体现场勘测、安全评价、上下游影响分析、应急排险处置5份报告编制等工作。8月19—21日（河流规划阶段），多专业充分利用3S、三维设计等数字化技术协同完成了河流规划，确定了水库各主要特征水位、库容、淹没范围和装机容量等设计指标。8月19日—9月10日（可行性研究及方案实施阶段），全面采用乏信息综合勘察设计技术进行协同设计，出色地完成了可行性研究阶段各项勘测设计任务。

该工程充分应用乏信息综合勘察设计技术，收集水文、气象、测绘、地质、交通、社会经济等基础资料，采取全三维设计技术开展可行性研究工作，进行方案设计和报告编制，于2014年9月10日准时提交可行性研究报告。项目技术方案科学、合理，设计资料翔实、成果可靠，能够满足工程决策和设计需要，并在后续工作得到有效验证。

项目全面采用乏信息技术，节约了大量人力、物力投入，取得了显著的经济效益和社会效益，得到政府领导和行业专家的一致好评。项目成果对于乏信息条件下开展基础设施工程规划和前期勘察设计具有较好的普适性，可进行广泛推广。

第 6 章

印度尼西亚 Kluet 1 水电工程应用

6.1 概述

在印度尼西亚 Kluet 1 水电工程中，面对缺乏流域规划、水文气象观测资料、前期设计基础数据以及勘探人员和设备难以到达现场的情况，项目团队利用无人机航摄取得基础数据，并利用 BIM 软件对基础数据进行处理、转化，完成了三维设计。各专业以协同设计的方式，将各专业模型集成放置在场地中，并进行全面检查。这一方法有效解决了项目前期规划设计阶段中存在的人力、物力、资金投入有限的问题，顺利完成了前期规划设计任务。

6.1.1 工程应用背景

经过多年的水电工程开发，国内基础条件较好的区域开发建设工作已基本完成。然而，由于可开发水能蕴藏的空间分布不平衡，当前水电工程开发工作面临着愈发复杂的局面。具体而言，目前开展水电工程的区域普遍存在自然环境恶劣、交通不便、政治风险大、经济条件落后、地质水文条件不明确、基础信息获取渠道不畅等问题，特别是在“一带一路”倡议号召下，水电开发逐渐向非洲、南美洲、东南亚等地区转移，上述的各项风险尤为突出。

各类风险的存在，使得水电工程勘察、设计、施工十分困难，特别是国外工程受政治、经济、语言、自然环境、文化等因素影响。工程前期勘察很难开展，是国外水电工程面临的重大难题。另外，当前水电工程项目要求愈来愈高，周期愈来愈短，竞争愈发激烈，传统的勘察设计手段已不适应当前水电工程勘察设计的复杂需求，若不能有效降低勘察设计成本，提高设计效率及质量，将使得企业处于被动地位。

在这样的条件下，研究创新工作方法，以 3S 集成技术、互联网技术、BIM 技术等为基础，结合适当的实地信息资料收集，对工程区域的地理环境、基础设施、自然资源、人文景观、人口分布、社会和经济状态、地质条件、勘察资料等各种信息进行数字化采集与处理分析，创新在实地资料和基础信息缺乏条件下的水电工程前期勘察设计手段是发展的迫切需要。

6.1.2 工程概况

Kluet 1 水电站位于印度尼西亚亚齐特别行政区境内，采用引水式开发，通过跨流域引水至海岸边发电，电站尾水注入印度洋，装机规模 390MW。2013 年 10 月 23 日—11 月 1 日，昆明院组织地质、水工、施工等专业人员对 Kluet 河拟开发河段进行了现场踏勘，经分析和讨论，初步确定了 Kluet 河干流一级电站采用引水式开发的方案，枢纽建筑物由首部枢纽、引水系统、地下厂房、尾水隧洞、尾水渠及升压站等建筑物组成。其中，引水隧洞上游段长 5912m，下游段长 4937m，压力钢管段长 997m，尾水渠长 2773m。Kluet 1 水电站三维模型如图 6.1-1 所示。

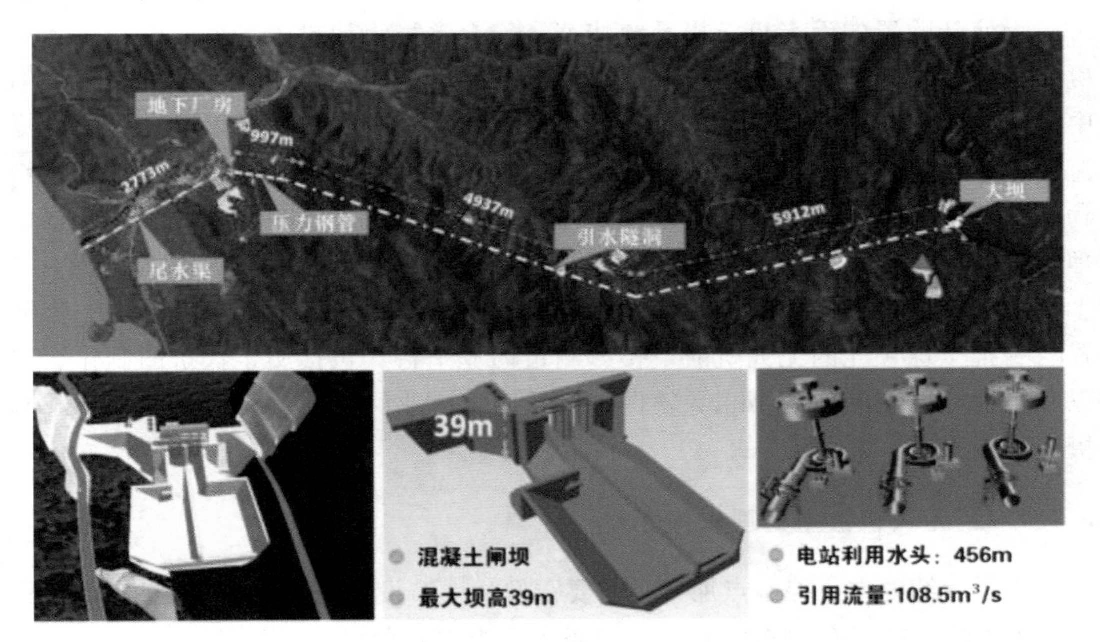

图 6.1-1 Kluet 1 水电站三维模型

Kluet 1 水电站设计阶段为国外可行性研究，工程整体设计深度相当于国内预可行性研究阶段的设计深度。

Kluet 1 水电站所在的 Kluet 河流域属于未开发河流，既无流域规划也无水文气象等观测资料，地形资料仅有 1∶50000 地形图，前期设计基础资料极为缺乏。电站首部及库区均位于人迹罕至的无人区，勘探人员及设备难以到达现场，现场测量及地勘工作难度极大，传统的平洞、钻探等勘探手段在工程的库区、首部及引水线路均不具备实施的条件。因此，如何获取前期设计基础资料成为工程设计面临的首要问题。

6.2 Kluet 1 水电站乏信息综合勘察设计

6.2.1 无人机数据采集处理技术应用

6.2.1.1 无人机数据采集处理作业指导书编制

Kluet 1 水电站工程前期资料异常缺乏，且位于无人区，勘测人员及设备很难到场，采用全野外测图不仅劳动强度大、效率低，而且测量精度也难以显著提高。随着无人机低空摄影测量技术的发展和应用，使用该技术完成电站地形图测量工作是必然选择。

为使新购置的无人机航摄系统快速、安全、稳定地投入勘察，编写了无人机航摄作业指导书，让此项技术在电站建设中尽快得到推广。作业技术指导书中详细说明在作业过程中无人机航摄系统操作步骤及安全注意事项，整个航摄流程包括接收任务进场、联系当地政府或测绘主管部门申请航摄空域、现场踏勘、现场航线设计、飞机维护及地面监控站调试、起飞前后检查、现场数据整理、现场质量检查、现场影像预处理、像控测量以及后勤保障等方面。

为满足勘察设计要求，在优化无人机数据采集作业流程基础上，进一步购置了一批全球领先的无人机航空摄影测量内业平台：包括用于快拼图制作、空三和正射影像图制作的 Inpho 软件，以及用于内业测图的航天远景 MapMatrix 摄影测量平台。

6.2.1.2 无人机数据处理软件开发

为了后续的空三控制点加密，需要在像片上布设控制点并在实地进行测量。由于无人机空中姿态角不稳定，其 POS 及 IMU 数据精度不高，采用无人机影像进行立体测图以及制作正射影像图时，需要更多的控制点。昆明院开发了自主无人机数据处理软件，解决了无人机数据处理的难题，提高了数据处理质量。

像控点布设通常需要提供像控分布 KMZ 文件以及相应的刺点像片两种成果，像控 KMZ 文件用于在 Google Earth 上指示出像控点分布的大致位置，相应的刺点像片用于选取实地特征点并测量其坐标。

6.2.2 工程综合数据库建立

电站选址数据是云 GIS 平台的数据来源，需要开展标准化建库方法研究，以具体电站的基础地理要素和专题要素为基础构建数据库，前端应用程序在完整的数据支撑下进行选址分析工作。

在现有空间数据规范基础上，结合电站数据特点，完成了电站地形数据的建库标准制定，包括基础地理数据要素分类编码方法、要素图层结构、基础地理要素图层、基础地理要素图式、实体的划分标准、基础地理要素采集要求等。

标准制定后，根据电站选址数据集成需要，选用 GeoDatabase 地理数据库模型进行了数据库结构设计，包括数据的组织、子库的划分、数据库命名规则等，最后利用 UML 建模工具，实现地形图数据以及影像 DOM、高程 DEM、GNSS 测量控制点的标准化建库工作。

6.2.3 BIM 模型与空间数据集成

（1）三维场景制作。三维地形数据集是指包含数字高程模型和地表纹理的地形数据集。SkylineGlobe 中的三维地形数据集是一种将遥感影像、数字高程模型融合在一起的数据集，是进行创建和浏览三维场景的基础数据，需要通过 TerraBuilder 软件来创建。三维地形数据集采用三维地形可视化中的地形建模以及地表纹理映射等技术建立起来的单一的地形表面虚拟体。该工程利用 TerraBuilder 叠加高程和影像数据，创建海量三维地形数据集。

（2）BIM 模型与三维场景集成。利用 BIM 三维模型数据、数字地形数据和影像数据，面向 Skyline 应用开发，研究 BIM 三维数据与 GIS 数据之间数据交换以及 BIM 模型简化算法，设计并开发 AutoDesk CAD 的三维模型转为 OBJ 的插件，实现 BIM 模型几何以及语义无损导入三维 GIS 软件。

以三维模型和数字地形模型为基础，研究规则三维模型与地形交线自动计算方法以及 TINs 与 Grids 集成的多分辨率表面结构，设计多细节层次的全局 Grid 联合局部嵌入式 TIN 集成表示的混合多分辨率表面模型，实现三维模型与地形之间的无缝融合。

（3）专题库与三维场景集成。利用 TerraExplorerPro 可以加载电站专题库中各类要素和属性表，并添加、编辑各类标注信息，生成和构建三维可视化场景。总的来说，就是将地形数据集、二维矢量数据进行整合，并且添加必要的标注、图片信息、多媒体信息等其他要素，将这些数据整合到一起以呈现具有真实感的三维场景。

6.2.4 多源海量空间数据集成共享

6.2.4.1 基于 VMware 及 ArcGIS 的私有云 GIS 服务环境构建

（1）硬件环境准备。在实际生产环境中，已经配置了物理主机、存储、网络等。在这一过程中，需要针对实际需求进行规划，要做到生产环境和管理环境相分离，生产环境为 GIS 服务以及应用系统提供资源，管理环境专门用来部署 vCenterServer、vCloudDirector、vShieldManager 等管理软件。这样规划的目的是做到管理与生产相分离。

（2）VMware vSphere 环境配置。对于大多数用户环境，上一步的基础环境已经准备好，需要在虚拟化环境中进行一些基本配置，包括计算资源池创建、存储配置文件创建和网络端口组创建。

（3）VMware vCloud 配置。即基础设施服务层，在 vCloud 中进行提供者 VDC 和组织 VDC 配置，VDC 即虚拟数据中心，包含虚拟的计算、存储、网络资源。

（4）捷泰云管理系统配置。在云管理系统中，将会用到组织 VDC 中的资源来创建 ArcGISServer 站点。

6.2.4.2 电站选址空间数据服务发布

（1）制作地图文档。从开始菜单启动 ArcMap，新建一个空文档。点击 AddData 按钮，定位到数据位置；选中电站空间数据文件，点击 Add 按钮，这样就把数据加载到 ArcMap 中。右键点击图层，选中 Properties 菜单，编辑渲染方式；点击 AddAllValues 按钮，点击确定按钮。设置符号化方式后，地图信息更丰富。从 File 菜单中选择保存菜单，定位到某文件夹，在文件名输入框中输入：*.mxd，点击保存按钮。此文档将作为 ArcGISServer 地图服务发布的文档。

（2）用户权限设置。ArcGISServer 安装完成后，创建两个组 agsadmin 和 agsusers，管理和使用 GISServer 都需要使用这两个组的权限才能进行。下面介绍如何把一个用户加入 GISServer 的组中：①从控制面板中，打开计算机管理，展开本地用户和组，双击 agsadmin 组；②在 agsadmin 组属性对话框中，点击“添加”按钮；③在文本框中输入用户名，点击“检查名称”，确认无误后点击“确定”。这样就把云 GIS 平台的域账号操作系统账户加入 agsadmin 组中，账户具有管理 ArcGISServer 的权限。

（3）在 ArcCatalog 中发布 MapService。①以具有管理 ArcGISServer 权限

的域用户登录操作系统。启动 ArcCatalog，在 ArcCatalog 的目录树中，展开 GIS 服务器，双击，出现界面，选中“管理 GIS 服务”，点击“下一步”；在服务器 URL：后面输入 http：//localhost/arcgis/services，其中 arcgis 为实例名，具体名称根据用户自己安装时的设置而定；在主机名称后面输入自己的主机名，点击“Finish”即可完成 GISServer 的添加。②在 ArcCatalog 的目录树中，定位到某文件夹，右键点击要发布的 *.mxd 文档，选择“Publish to ArcGISServer”；在“发布到 ArcGISServer”向导中，输入发布地图的服务名称，接受默认的选项点击“下一步”，直到完成。发布服务成功后，就可以在 GISServers 目录下看到服务了。

6.2.5 三维空间数据集成技术应用

三维地理信息系统涉及的地理事物和景观对象信息纷繁复杂，在通常的硬件条件下，采用常规的技术进行海量数据的实时可视化几乎是不可能的，因此，必须针对数据特点尤其是三维模型的特点设计合理的策略与算法。本节阐述了海量三维模型数据的组织与建库、三维模型数据的动态调度与实时传输以及基于 WebService 的三维信息服务等。

6.2.5.1 海量三维模型数据的组织与建库

Kluet 1 水电工程研究了采用分布式存储技术来降低系统对单一磁盘的读写频率，提高多用户并发访问的 IO 效率。将数据分散存储在多台独立的设备上，通过多台存储器分担存储负荷，利用位置服务器定位存储信息，可有效减小单一磁盘的 IO 负担，提高系统的可靠性和可用性，显著提升系统性能，同时可以很容易地进行扩展。当数据增加到一定程度，可通过增加新的存储设备来解决。

为了保证数据下载和三维场景绘制的连贯性，减少因为数据调度而造成的停顿现象，采用多线程异步调用机制。在实时漫游过程中，一方面要根据用户要求不断控制变化的三维场景，实现复杂数据同步下载更新；另一方面要对调度的数据进行三维场景可视化绘制，增加了计算处理复杂度，因此对机器性能提出了较高的要求。

6.2.5.2 三维模型数据的动态调度与实时传输

数据的动态调度是影响系统运行效率的重要因素，由于网络带宽的限制和三维模型数据量大的特点，必须设计合理的动态调度策略，制定数据传输的优先规则。Kluet 1 水电工程研究采取了以下策略提高数据传输和加载效率：

（1）数据压缩。在该工程中，对规则格网的类栅格数据（如 DEM、DOM 数据）建立了金字塔数据结构，并进行压缩。金字塔是指一种分辨率由粗到精的影像数据结构，金字塔的最底层是原始影像，分辨率最高，数据量也最大，由最底层开始，分辨率逐渐降低，数据量随之减小。金字塔数据结构模拟了人眼视觉由粗到精的结构，常用于地形模型 LOD 的建立，Kluet 1 水电工程对地形模型也采取了这种策略。

（2）基于视点的动态数据调度。Kluet 1 水电工程采取多线程的数据调度策略，在三维场景漫游过程中根据当前视点移动的规律提前加载三维模型数据，以充分利用多核 CPU 的并行计算资源和网络带宽，缩短数据传输时间。为进一步降低数据的频繁调度，减少数据传输，平台还采取高速缓存来临时存储频繁调用的数据，尤其是精度较低的模型（因为精度较低的模型可视范围较大，在某一段时间被调用的可能性更大），当场景刷新需要这些数据时，就可以直接从缓存中读取，从而节省系统通过网络获取数据的时间。

6.2.5.3 基于 WebService 的三维信息服务

基于 WebService 能使系统具有标准化的接口和广泛的应用，基于此，核心数据服务和部分功能可采用 WebService 技术进行开发，对矢量数据和栅格数据的访问采用了 OGC 规范 WFS 服务和 WMS 服务，将空间信息以标准服务的方式提供出来，使同一网络连接下的客户端程序能够方便地向服务器端递交数据请求和功能请求；对软件功能的开发，也可采用 WebService 的方式，将大多数功能发布成服务，如北京 54 坐标向 WGS84 坐标的转换、查询功能（地名查询、模型信息查询）等，都采用 Web 服务实现，返回标准的 XML 格式的信息，这样使得这些功能可以在多个系统中使用。对于三维模型访问，采用 Streaming 的方式提供在线的三维信息服务，确保三维浏览过程中数据调度与场景绘制的同步高效运行。

6.3 乏信息综合勘察设计平台应用

HydroBIM 乏信息综合勘察设计平台提高了信息集成度和可利用度。该平台是由流程、产品、工具软件、设计规范、工作规则等组成的集合体。平台架构设计的科学合理性决定了平台应用运行的效率和质量。平台的输入是地形、地质及水文等基础数据，输出的是 BIM 模型，过程是设计流程。HydroBIM 乏信息综合勘察设计平台总体架构如图 6.3-1 所示。

平台由五部分及相互关系组成，基础数据获取的质量与效率对于 BIM 模

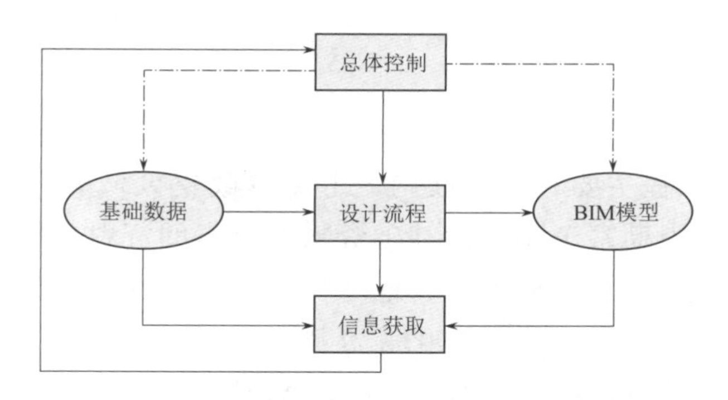

图 6.3-1 HydroBIM 乏信息综合勘察设计平台总体架构

型建模质量与效率有着至关重要的作用。图 6.3-2 所示为 HydroBIM 乏信息综合勘察设计平台界面。

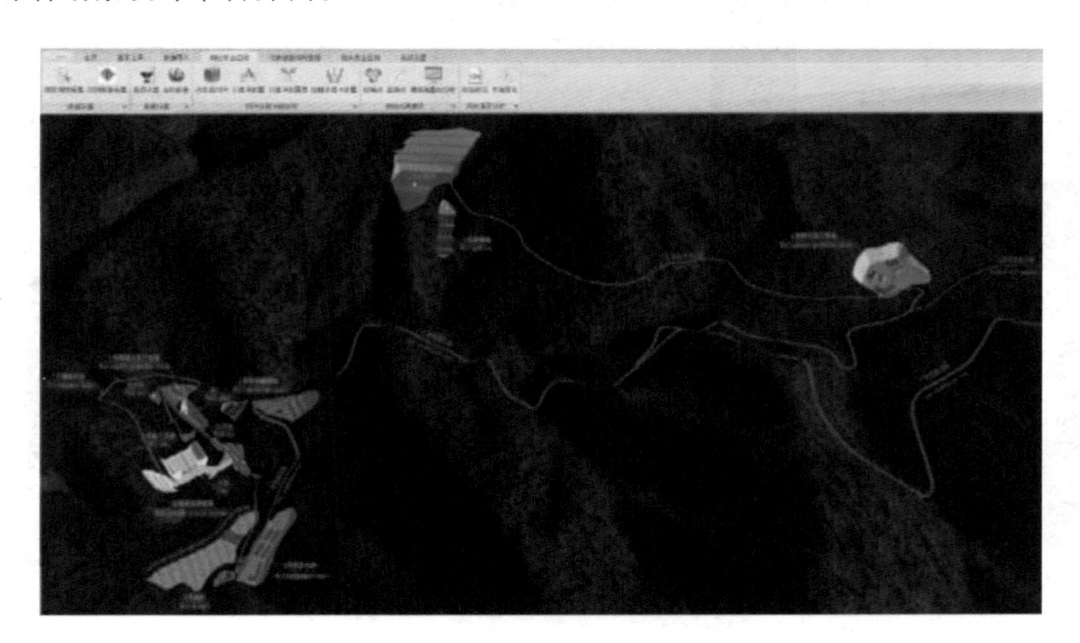

图 6.3-2 HydroBIM 乏信息综合勘察设计平台界面

Kluet 1 水电工程应用 HydroBIM 乏信息综合勘察设计技术，解决了工程前期设计阶段缺乏地形、地质、水文等基础资料的问题。通过网络资源及卫星影像数据以及专业的数据处理手段，实现了高效、低成本获取地形、地质、水文等基础设计资料。为了确保基础资料准确可靠，结合前期内业工作成果，开展针对性的现场调查复核工作。由于充分利用了数字化技术，避免现场勘察工作的盲目性，减少了前期工作投入，测绘、地质、水文、水工、机电、施工等专业应用 HydroBIM 乏信息综合勘察设计平台，通过专业协同设计开展三维设计，高效完成水工建筑物布置、机电设备布置及施工总布置设计，加快了工程设计进度，经济效益显著。

6.3.1 资料收集

Kluet 1 水电工程主要利用互联网、卫星等收集区域和研究区的免费或廉价基础地理数据，为勘察工作提供基础资料。收集的资料包括区域地质图、遥感图像、地形资料、水文气象资料、地球物理资料、地震资料、勘探资料、试验资料，以及交通、社会经济、文化等资料。

其中水文气象资料利用 ArcHydro 水文地理数据模型，采用收集到的 DEM 地形数据，生成流域水系图，量算流域面积、河长、流域平均高程，河道比降等流域特征供设计使用。ArcHydro 水文模型应用示例如图 6.3-3 所示。

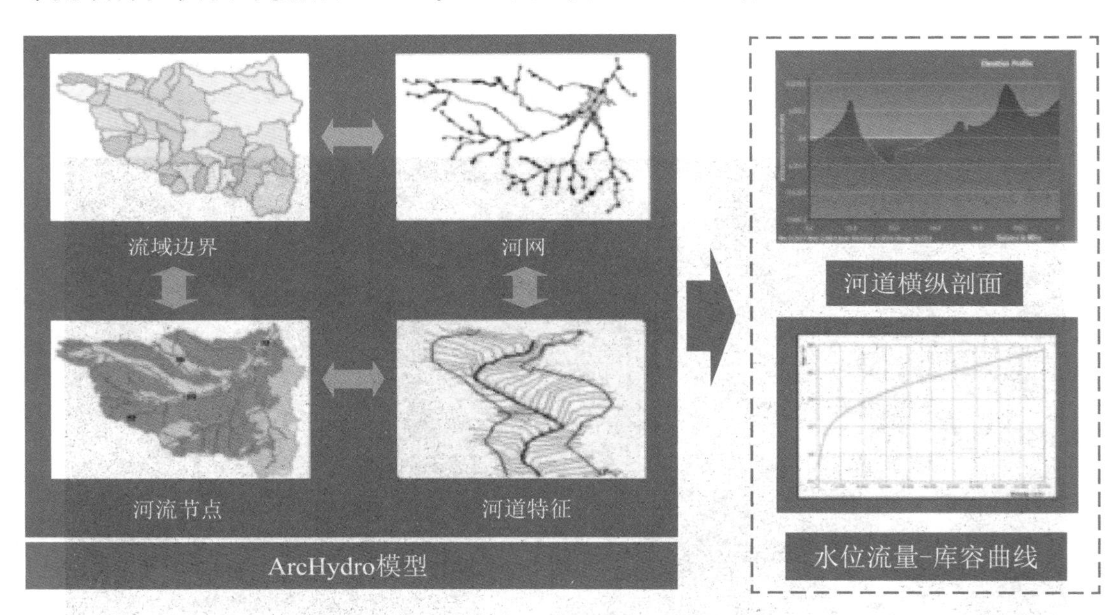

图 6.3-3 ArcHydro 水文模型应用示例

6.3.2 数据处理与整编

数据处理与整编包括测量、地形、地质、物探、水文、气象、交通、造价等资料的处理与整编。其中，地质资料处理与整编如下：

（1）由地质专业负责人组织地质资料的整编，主要包括地质图校正、配准及镶嵌等处理技术，生成 .jpg、.tif 等栅格文件及 .kml、.dwg、.shp 等矢量文件，并最终完成资料归档管理。利用 Skyline、ArcGIS 等软件集成分析与展示地质成果。

（2）以地质专业收集到的资料以及测绘、物探、勘探、试验提供的基础资料为基础，按照研究区、工程区部位，结合工程阶段要求，处理、加工资料和数据，提出区域稳定性、厂区、坝址区、库区、引水线路、泄洪建筑物、天然料场的工程地质资料。

（3）在对电站工程地质资料进行研究与分析的基础上，对工程地质条件作出评价，并对电站设计方案提出建议。各种资料的收集与整编如图 6.3-4～图 6.3-7 所示。

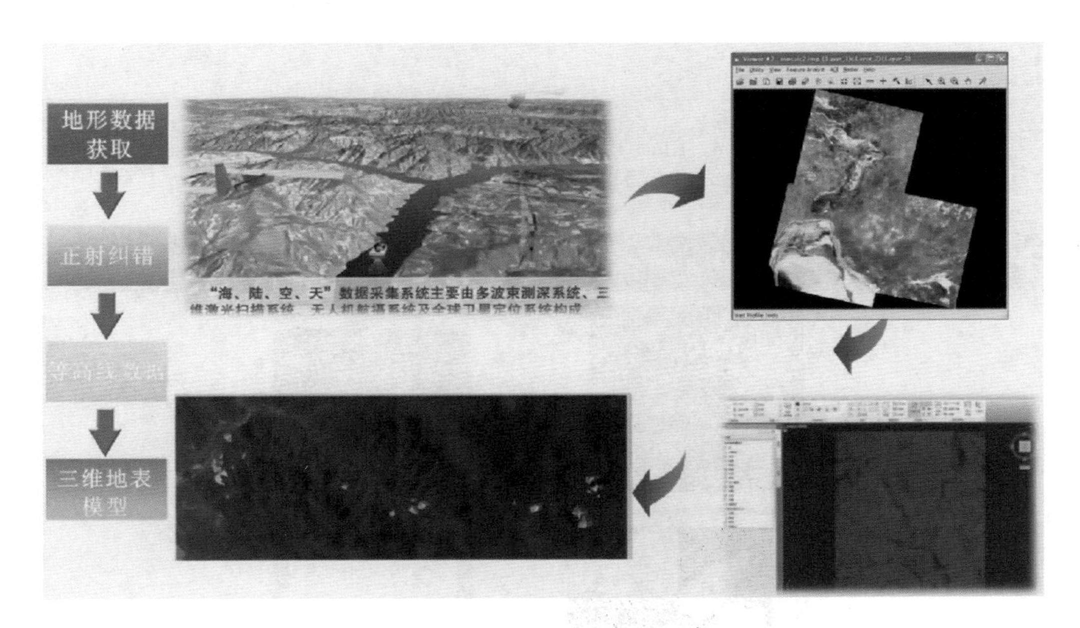

图 6.3-4　地形资料的收集与整编

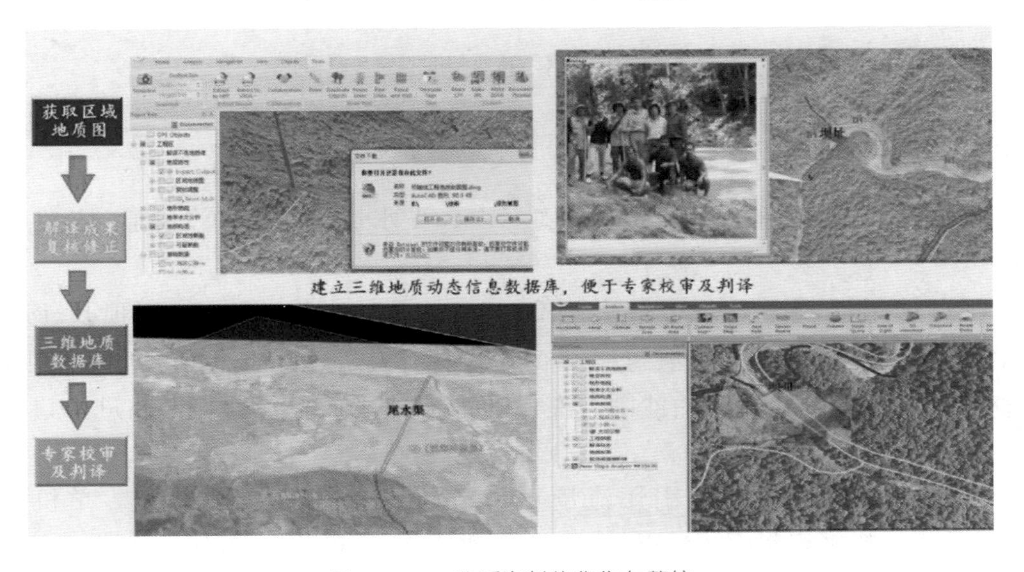

图 6.3-5　地质资料的收集与整编

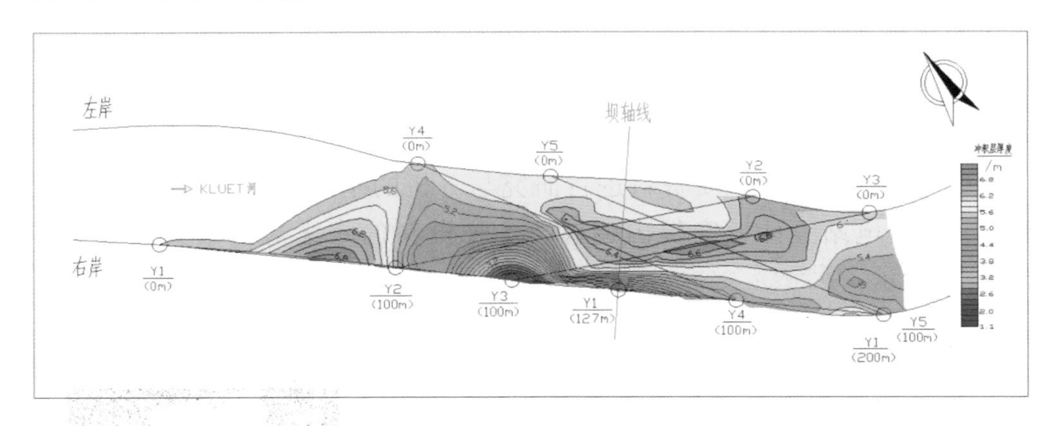

图 6.3-6 Kluet 1 水电站冲积层厚度等值线示意图

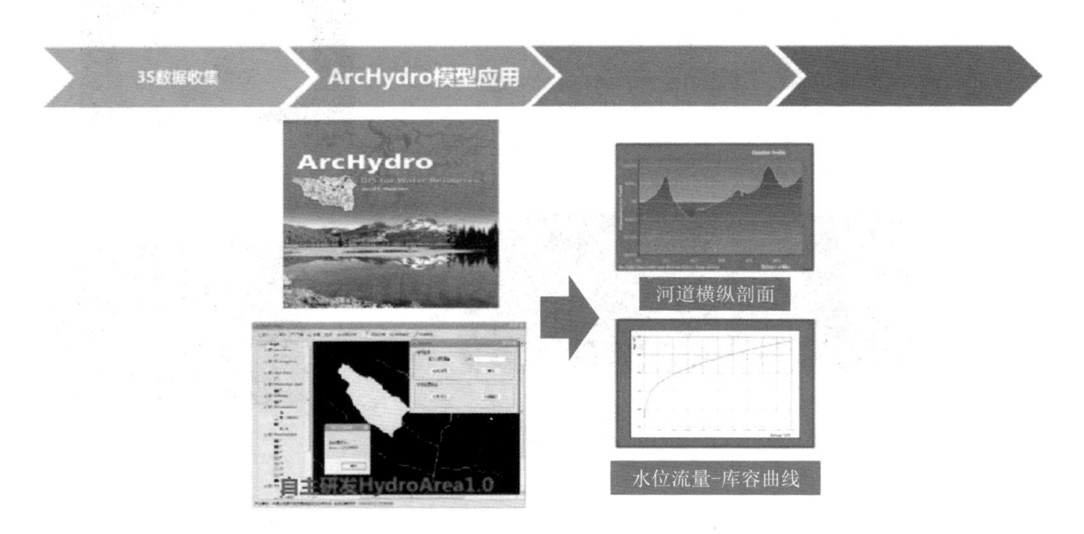

图 6.3-7 水文气象资料的收集与整编

6.3.3 工程规划

根据采集和处理之后的资料，对 Kluet 1 水电站进行了规划，主要成果如下：

坝型选用混凝土闸坝，最大坝高 39m，坝顶高程 473m，坝顶长 143m，右岸布置长 49m 的非溢流坝与岸坡衔接，河床中部布置长 56m 的溢流坝段，在溢流坝段布置 2 孔泄洪冲沙闸，左岸非溢流坝段长 60m，与电站进水口结合布置。

电站利用水头 456m，引用流量 108.5m^3/s，选用混流式机组，单机容量 130MW，总装机容量 390MW。Kluet 1 水电站工程规划图如图 6.3-8 和图 6.3-9 所示。

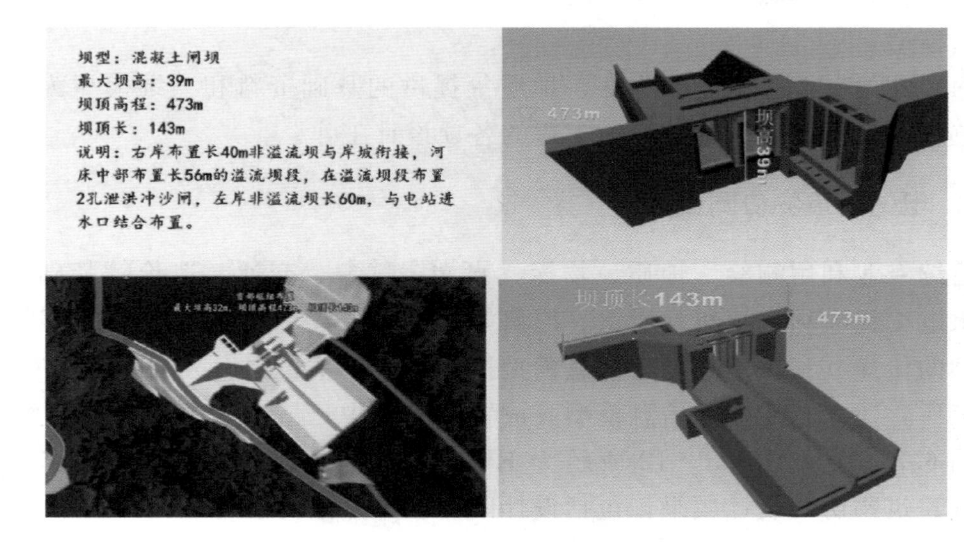

图 6.3-8 Kluet 1 水电站工程规划图（一）

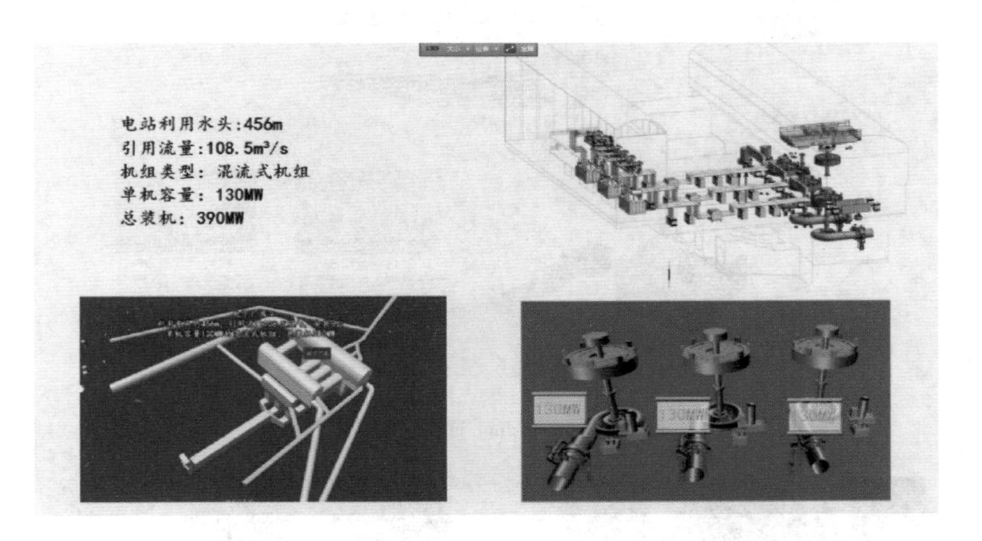

图 6.3-9 Kluet 1 水电站工程规划图（二）

6.3.4 三维设计工作

在工程勘察设计过程中，三维设计工作逐步深入，其主要内容如下：

（1）测绘专业采用3S技术，快速、准确地获取工程区域地形、地物资料，为工程设计各专业提供各类数字化地形图。

（2）物探专业利用综合物探成果，结合数字地形、地质测绘、勘探等专业的资料建立物性参数三维模型和推断地质三维模型，提供给地质专业作为建立三维地质模型的参考模型。

（3）地质专业利用数字地形，结合物探专业的地质模型和地勘成果建立三维地质模型。

（4）其他专业以测绘、物探、地质等提供的基础资料和三维模型为基础，采用三维设计手段完成基础设施工程的各项设计工作。

6.3.5 电站建筑物协同设计

后续专业利用测绘、地质、物探、水文、气象、交通、造价等基础数据，开展水电工程大坝、枢纽、引水、厂房等的全三维数字化设计。各专业进行信息模型的传递共享，建立勘察信息模型拟定设计方案；之后分别进行各专业的设计工作，建立各专业的信息模型，放置在场地中；最后对模型进行检查。

图 6.3-10～图 6.3-12 所示为 Kluet 1 水电站挡水大坝、枢纽、引水、厂房等建筑物协同设计成果，包括设计图和设计方案的比选过程。

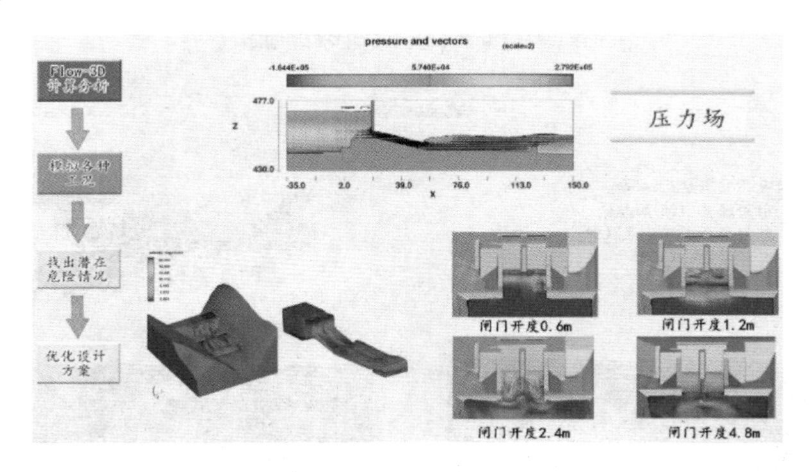

图 6.3-10 Kluet 1 水电站设计图

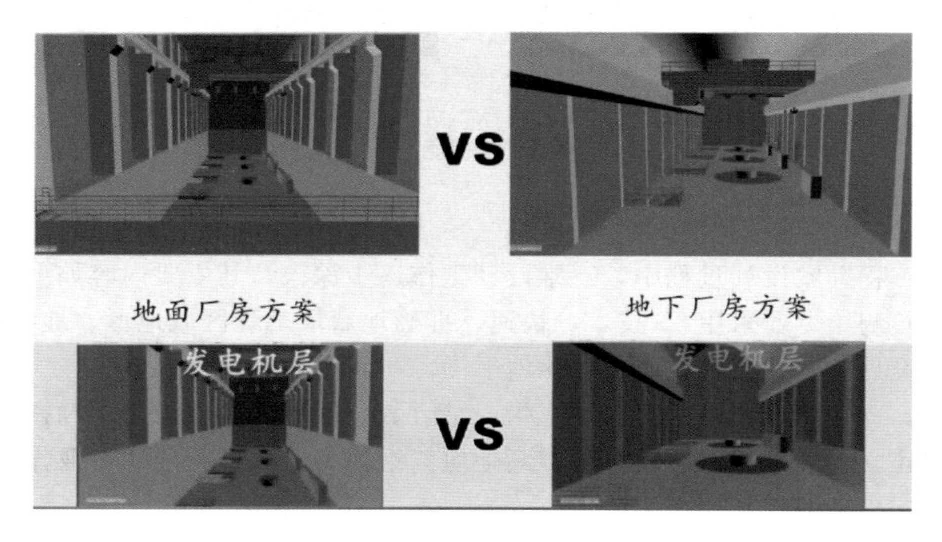

图 6.3-11（一） 地面厂房与地下厂房方案设计与比较

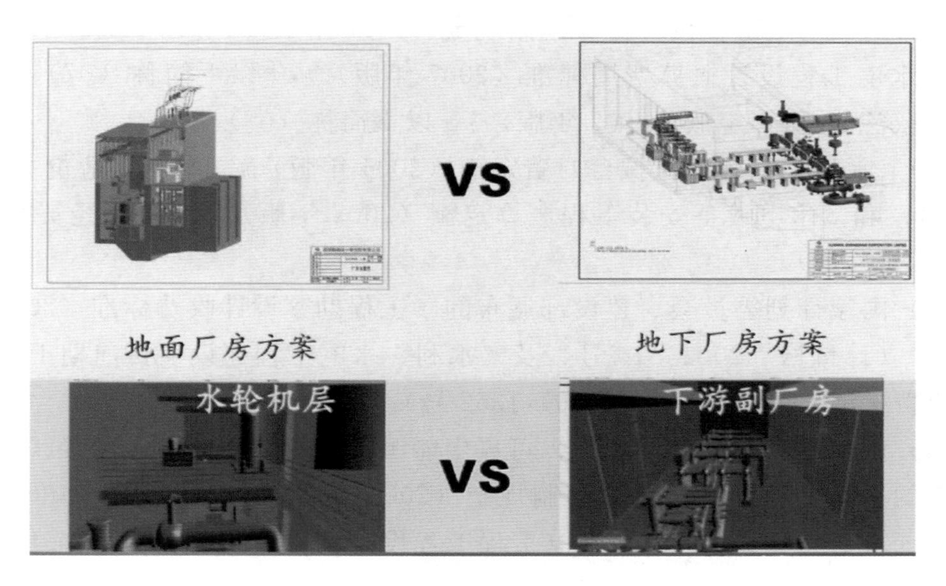

图 6.3-11（二） 地面厂房与地下厂房方案设计与比较

图 6.3-12 地面厂房施工仿真

6.4 工程效益评估

6.4.1 投资估算

6.4.1.1 主要编制依据

（1）水电水利规划设计总院、可再生能源定额站以可再生定额〔2008〕5

号文颁布的《水电工程设计概算编制规定（2007 年版）》[以下简称（07）编规]、《水电工程设计概算费用标准（2007 年版）》[以下简称（07）标准]、《水电建筑工程概算定额（2007 年版）》[以下简称（07）概算定额]。

（2）《水电工程施工机械台时费定额（2004 年版）》（水电规造价〔2004〕0028 号）和《水电设备安装工程概算定额（2003 年版）》（国家经贸委 2003 年第 38 号公告）。

（3）国家计划委员会、建设部颁布的《工程勘察设计收费标准（2002）年修订本》（计价格〔2002〕10 号）及《水利、水电工程建设项目前期工作工程勘察收费标准》（发放价格〔2006〕1352 号）。

（4）水电水利规划设计总院、可再生能源定额站以可再生定额〔2009〕12 号颁布的《水电工程设计概算编制规定（2007 年版）》第 1 号修改单及可再生定额〔2011〕7 号颁布的《水电工程工程设计概算费用标准（2007 年版）》第 1 号修改单。

（5）现阶段设计图纸、工程量、设备材料清单等。

（6）2014 年三季度印度尼西亚当地及中国国内材料、设备等方面的供应情况和市场价格。

（7）印度尼西亚当前水电工程造价等资料。

6.4.1.2 基础资料

（1）人工预算单价。人工预算单价参考（07）标准中人工预算单价（三类区标准）并根据印度尼西亚相关法律规定及境外工程的实际综合确定为：高级熟练工 4.05 美元/工时，熟练工 2.90 美元/工时，半熟练工 2.27 美元/工时，普工 1.83 美元/工时。

（2）材料预算价格。钢材按中国境内采购供应，木材、水泥、汽柴油、火工材料拟由印度尼西亚本地组织供应。主要材料均采用海运、公路相结合的运输方式运至工程区。主要材料预算价，由材料原价、中国境内（外）运费、出口税、海关及商检费等费用构成：钢筋 976.96 美元/t，板枋材 609.95 美元/m^3，水泥 179.51 美元/t，汽油 93 号 1811.20 美元/t，柴油 0 号 1481.72 美元/t，炸药（综合）2627.39 美元/t。

（3）电、水、风、砂石骨料单价。电、水、风单价根据施工组织设计，按（07）编规并结合该工程实际情况进行分析计算。根据施工组织设计，Kluet 1 水电工程为人工砂石骨料，砂石料单价根据印度尼西亚当地及国内外在建及已建类似工程进行类比分析计算。电、水、风、砂石料预算价确定为：电 0.44 美元/kWh，水 0.18 美元/m^3，风 0.04 美元/m^3，砂 15.63 美元/m^3，碎石 12.43 美元/m^3。

6.4.1.3 工程投资估算

Kluet 1 水电站工程总投资估算见表 6.4-1。

表 6.4-1 Kluet 1 水电站工程总投资估算表

编号	工程或费用名称	投资/(10^3 美元)	占总投资比例/%
Ⅰ	枢纽工程	364121.92	57.18
一	施工辅助工程	44341.62	6.96
二	建筑工程	195850.09	30.76
三	环境保护和水土保持工程	26971.89	4.24
四	机电设备及安装工程	69837.99	10.97
五	金属结构设备及安装工程	27120.33	4.26
Ⅱ	建设征地和移民安置补偿费用	1936.90	0.30
Ⅲ	独立费用	90945.30	14.28
一	项目建设管理费	43184.70	6.78
二	生产准备费	1277.60	0.20
三	科研勘察设计费	40031.39	6.29
四	其他税费	6451.61	1.01
合计	Ⅰ～Ⅲ项小计	457004.12	71.77
Ⅳ	基本预备费	45894.13	7.21
一	枢纽及独立费用部分 10%	45506.73	7.15
二	移民安置部分 20%	387.40	0.06
Ⅴ	送出工程	36851.61	5.79
一	送出工程投资	36129.03	5.67
二	送出工程基本预备费	722.58	0.11
	Ⅰ～Ⅴ项小计	539749.86	84.76
	工程静态投资	539749.86	84.76
	价差预备费	22838.42	3.59
	建设期利息	49361.93	11.65
	海外投资险	19905.35	0.00
	融资管理费用	4936.20	0.00
	工程总投资	636791.76	100.00

6.4.2 工程经济性评价

6.4.2.1 评价方法

经济评价以中国投资方进行项目开发、建设和运营为基础，主要进行财务评价。财务评价是根据推荐的工程规模及相应工程投资，按暂定电价计算工程效益，并根据印度尼西亚有关财税政策，参考中国现行有关规程规范对电站的投入与产出进行分析计算，测算电站各项财务指标，考察电站的盈利能力及清偿能力，以判别 Kluet 1 水电工程的财务可行性。经与印度尼西亚国家电力公司咨询沟通，预计 Kluet 1 水电站的销售电价在 8～10 美分/kWh 之间，故财务评价暂以电站销售电价 8 美分/kWh（约合 0.496 元/kWh）进行项目财务指标测算，并对电站投资、长期贷款利率及有效电量等不确定因素进行参数敏感性分析。

6.4.2.2 财务评价

1. 基础数据

（1）生产规模和施工进度。水电站施工期第 5 年 6 月底第一台机组发电，第 5 年 9 月底第二台机组发电，第 5 年 12 月底第三台机组发电。在财务评价中，系统吸收 Kluet 1 水电站的有效电量暂按电站多年平均年发电量的 95%计，线路损失按 3.5%计。Kluet 1 水电站逐年有效电量及上网电量见表 6.4-2。

表 6.4-2　Kluet 1 水电站逐年有效电量及上网电量　单位：亿 kWh

项　目	投产期	运行期
	第 5 年	第 6～35 年
发电量	5.45	21.81
有效电量	5.18	20.72
上网电量	5.17	20.67
销售电量	4.99	19.94

（2）计算期。财务评价计算期共计 35 年，包括建设期 5 年（含初期运行期 1 年），正常运行期 30 年。

2. 投资计划与资金筹措

资金筹措包括资本金筹措和银行贷款两部分。工程建设所需资本金由业主筹措，其余建设资金暂按从中国商业银行贷款考虑。

（1）固定资产投资。Kluet 1 水电站工程静态总投资为 539749.86×10^3 美元（含送出工程），价差预备费为 22838.42×10^3 美元，固定资产投资为 562588.28×10^3 美元。Kluet 1 水电站工程投资情况见表 6.4-3。

表 6.4-3　　Kluet 1 水电站工程投资情况表

年序	建设期	静态投资/(10^3 美元)	价差预备费/(10^3 美元)
1	筹建期	76284.96	0.00
2	建设期	108965.84	2179.32
3		130902.00	5288.44
4		144219.15	8827.37
5		79377.91	6543.29
合计	562588.28	539749.86	22838.42

参考中国相关规定和贷款条件，在项目建设时必须注入一定量的资本金。Kluet 1 水电站工程资本金按工程总投资的 30%考虑，筹建期所需建设投资全部用资本金支付，剩余资本金在电站正式开工后至工程全部建成前每年按投资的比例投入；工程建设所需的其余资金，根据工程进展及资金的需求情况，从商业银行贷款。资本金不还本付息，还贷期间每年按 5%的利润率分配红利，还完贷款后每年按 15%的利润率分配红利；银行贷款按现行年利率 6.55%（按复利计），贷款期限 25 年（其中宽限期 5 年）。

（2）建设期利息。银行贷款利息按复利计算。建设期利息考虑了初期运行期部分贷款利息计入发电成本的影响，融资管理费和建设期海外投资险也计入建设期利息。融资管理费和建设期海外投资险参考国外类似工程计取。电站工程建设期利息为 74203.48×10^3 美元，建设期利息计入固定资产价值。

（3）流动资金。电站流动资金按 1.613 美元/kW 计算，共需 629.03×10^3 美元，其中 30%使用资本金，其余 70%从银行借款。流动资金借款额为 440.32×10^3 美元，流动资金贷款年利率为 6%。流动资金随机组投产比例投入使用，贷款利息计入发电成本，本金在计算期末一次性回收。

（4）总投资 Kluet 1 水电站工程总投资为 637420.80×10^3 美元（含流动资金 629.03×10^3 美元），其中静态总投资为 539749.86×10^3 美元，占总投资的 84.7%；价差预备费为 22838.42×10^3 美元，占总投资的 3.6%；建设期利息 74203.48×10^3 美元，占总投资的 11.6%；流动资金 629.03×10^3 美元，占总投资的 0.1%。电站建成后，形成固定资产价值 636791.76×10^3 美元，财务评价暂不考虑无形资产及递延资产。

6.4.2.3　总成本费用

电站发电成本包括折旧费、材料费、修理费、保险费、职工工资及福利费、日常管理费、其他费用、海外投资险和利息支出等。经营成本指不包括折旧费和利息支出的全部费用。运行期内长期及短期借款利息均作为财务费用计入总成本费用。

6.4.2.4 总体评价

（1）Kluet 1 水电站工程总投资约 6.37 亿美元，工程静态总投资约 5.4 亿美元，静态单位千瓦投资 1384 美元，动态单位千瓦投资 1634 美元。

（2）Kluet 1 水电站建设用地涉及居民较少，建设用地影响可通过生产安置方式予以缓解，不存在制约工程建设的环境敏感因素。

6.5 工程总体评价

Kluet 1 水电站工程全面采用乏信息综合勘察设计技术，通过大范围的地形、地质数据收集与专业分析处理，并结合局部实地考察的方法，仅在厂房区域打孔 3 个（约 250m），物探开展了河床地震工作（300m），解决了项目前期规划设计阶段中存在的人力、物力、资金投入有限的问题，顺利完成了前期规划设计工作。

第 7 章

总结与展望

7.1 总结

传统的勘察设计方法一般只进行初步的概念性叙述与规划，方案粗糙、成果单一，难以反映项目本身的工程特点和所存在的问题。乏信息综合勘察设计技术应用先进的物探、互联网、GIS、BIM、CAE等手段，实现了项目前期高效、高质、低成本规划设计，方案摆脱了传统的成果报告的模式，三维BIM与可视化技术的集成应用实现了多方案设计比选与形象化表达和计算的目标。

乏信息综合勘察设计技术契合我国“走出去”战略和“一带一路”倡议的需求。经过多年的研究、应用和提炼，结合水利水电工程转型升级和多元化业务发展需求，昆明院已将乏信息综合勘察设计技术应用于水电、水利（长引水）、风电、交通、航运、水能资源普查、水环境治理、航空港等领域的近20个国内外基础设施建设工程。

本书针对特殊环境条件下的基础设施工程前期规划设计，提出了实测资料缺乏条件下的勘察设计应用方法和流程，主要应用互联网、GIS、GNSS、BIM、云计算、大数据、物联网、移动通信、人工智能等先进技术手段，实现了工程勘察设计阶段项目基础资料的数字化采集与分析处理，降低工程前期勘察设计成本，提高工程勘察设计的质量与效率。主要成果如下：

（1）建立低成本高效率的创新理念与实现方法。项目研究为实测资料缺乏条件下的勘察设计技术提供了有效的参考成果和应用实例，成果的推广将为国内外条件艰苦、资料匮乏地区的大型基础设施工程提供前期规划阶段的有效解决方案，且可减少项目前期大量的资金、人力和时间的投入，为项目前期规划和招投标阶段提供有力的技术和数据支撑。

（2）通过信息集成可输出丰富且高质量的应用成果。利用BIM技术优势，实现了项目前期规划阶段多专业、多阶段、多方案的三维模型及信息的集成，可实现工程面貌从整体到细部的全面信息化及可视化，且成果表达方式多样，如三维图纸、模型、视频、互动漫游、云服务支撑下的移动端实时移动应用等，输出的产品和成果质量得到大幅度提升。

（3）研发了乏信息综合勘察设计平台。基于乏信息综合勘察技术的相关理论和研究成果，融入BIM技术、BIM/CAE集成技术、云计算技术、移动互联网技术、地理信息技术、可视化技术等，搭建了乏信息综合勘察设计平台。该平台以测绘、水文和地质专业数据为基础，包含场景操作、基本工具、测绘专业模块、水文专业模块、地质专业模块、BIM集成六大应用模块。

7.2 展望

乏信息综合勘察设计技术可以解决国内外偏远地区基础设施建设中前期基础资料匮乏条件下的工程规划与预可行性研究勘察设计问题，相较于传统的勘察设计方法，通过乏信息综合勘察设计技术可高效率、低成本地完成项目评估报告、项目建议书及（预）可行性研究报告。未来可将乏信息综合勘察设计技术推广至更多的基础设施建设领域，如长距离引调水工程、公路铁路等交通工程领域，具有广阔的市场应用前景。

同时也应注意到，乏信息综合勘察设计技术虽然有其突出的优势，但是该技术还存在较大的提升空间。目前，由于未对新兴技术（如BIM技术）进行更深入的研究，各专业数据不共享、与BIM技术结合困难以及数据来源不全面、不可靠等问题仍有待解决。乏信息综合勘察设计技术要想真正广泛应用于工程实践中，需要大力研究和开发多源数据融合分析技术，实现综合勘察资料的检测融合、评估融合、数据关联、异步信息融合和异类信息融合，进一步推动乏信息综合勘察设计技术不断进步和完善。

参 考 文 献

道平，吴杰，2015. 无人机低空摄影测量在云南高原山区风电场地形测量中的应用 [J]. 科技创新与应用 (4)：32－33.

杜成波，2014. 水利水电工程信息模型研究及应用 [D]. 天津：天津大学.

房建萍，刘平，2008. 勘察设计行业的现状与发展趋势 [J]. 科技信息（学术研究）(30)：323.

冯雷，雷秉霖，王云帆，等，2020. 基于数字协同设计平台的船舶电气设计研究 [J]. 船电技术，40 (1)：62－64.

冯增文，2015. 基于多期 DEM 的地质灾害与环境动态监测 [D]. 北京：中国地质大学（北京）.

付宇懋，张雪，2020. 水利水电工程中 BIM 技术的应用及拓展 [J]. 东北水利水电，38 (9)：68－70.

桂耀，肖昌虎，侯丽娜，2017. 跨流域引调水工程规划方案优选研究——以滇中引水工程为例 [J]. 中国农村水利水电 (9)：63－66.

花润泽，张天明，龚爱民，2015. 红石岩堰塞湖整治方案研究 [J]. 四川水泥 (12)：135.

蒋好忱，任宏权，秦先锋，等，2015. eCognition 影像自动解译及精度评价 [J]. 测绘通报 (10)：81－84.

蒋科，2018. BIM 技术在公路工程设计阶段中的应用技巧 [J]. 公路交通技术 (2)：17－21.

赖远超，2019. 滇中新近系软岩工程地质特性及其对隧道围岩稳定性的影响研究 [D]. 成都：成都理工大学.

李犁，邓雪原，2013. 基于 BIM 技术建筑信息标准的研究与应用 [J]. 四川建筑科学研究，39 (4)：395－398.

李禄维，2019. 岩土工程勘察地下空间信息管理系统设计与实现 [D]. 北京：中国地质大学（北京）.

李海舰，2020. 五方面理解“新基建”内涵与重点 [N]. 经济参考报，2020－07－07.

柳佳佳，栾晓岩，边淑莉，2013. 基于 OpenGL 的二维矢量地图可视化技术研究 [J]. 测绘科学，38 (5)：88－90.

林森，2018. GE 三维数字化技术在公路工程设计中的应用研究 [D]. 重庆：重庆交通大学.

刘涵，代红波，2019. BIM 技术在水电项目设计中的应用 [J]. 云南水力发电，35 (3)：75－78.

刘一哲，2016. 多尺度分割技术在高分辨率遥感影像地物提取方法的研究 [D]. 昆明：昆明理工大学 .

刘星，2019. 红石岩堰塞湖整治工程 [J]. 云南水力发电，35 (1)：157.

芦跃军，2012. 基于 3D - GIS 技术的地质勘察信息系统研究 [J]. 中国新技术新产品 (24)：28 - 29.

罗宇凌，姚翠霞，汪志刚，2019. 红石岩堰塞湖整治工程综合勘察技术应用 [J]. 中国高新科技 (16)：101 - 103.

毛卓良，2014. 论述我国工程物探的现状及发展前景 [J]. 低碳世界 (3)：124 - 125.

聂良涛，2016. 面向实体选线设计的铁路线路 BIM 与地理环境建模方法与应用 [D]. 成都：西南交通大学.

彭森良，李忠，杨传俊，2017. 乏信息条件下国外水电工程规划地质影响研究 [C] //第二届全国岩土工程 BIM 技术研讨会论文集：67 - 70.

阙祖晖，朱立冬，2015. BIM 技术在建设项目中轻量化应用的研究 [J]. 山西建筑 (31)：235 - 237.

任浩楠，王晓东，2018. 基于 CATIA 和 ANSYS Workbench 的水工结构 CAD/CAE 一体化系统 [J]. 水利规划与设计 (2)：92 - 94.

邵虹波，2009. 遥感技术在滇西某铁路选线地质灾害调查研究中的应用 [D]. 成都：成都理工大学.

石国琦，2017. 道路选定线勘测数字化技术应用研究 [D]. 长春：吉林大学.

田建林，邓孺孺，秦雁，等，2018. 基于遥感反演的珠江三角洲水体污染源目视解译实证研究 [J]. 经济地理，38 (8)：172 - 178.

唐超，侯海倩，马全明，等，2021. 轨道交通岩土工程勘察数据采集服务系统设计与实现 [J]. 都市快轨交通，34 (3)：113 - 118.

王波，2017. 基于 BIM 技术的工程造价模型建立与共享规范研究 [J]. 建设监理 (6)：49 - 52.

王鹏，2018. 基于无人机视频的桥梁裂缝识别方法研究 [D]. 广州：华南理工大学 .

王丽园，陈楚江，余飞，2016. 基于 BIM 的公路勘察设计与实践 [J]. 中外公路 (3)：342 - 346.

王国光，李成翔，2015. 地质三维勘察设计系统的应用实践 [J]. 中国建设信息 (14)：36 - 39.

王雪青，张康照，谢银，2011. BIM 模型的创建和来源选择 [J]. 建筑经济 (9)：90 - 92.

王小锋，2018. 三维地质建模技术在水利水电工程中的应用 [J]. 水科学与工程技术 (2)：62 - 66.

王勇，2015. 浅析水文地质岩土工程中的勘察设计和施工 [J]. 企业技术开发，34 (13)：84 - 85.

王玉冉，2019. 基于高分影像的公路多目标路线方案与环境影响评价 [D]. 西安：长安大学.

闻平，桂林，吴小东，2015. 3S 集成技术在牛栏江红石岩堰塞湖整治工作中的应用 [C] //《土石坝技术》2015 年论文集：76 - 83.

吴江，高宇，2019. 基于低空摄影高精度数字高程模型（DEM）的风沙草滩特征及稳定性评价［J］. 中国沙漠，39（6）：23－29.

吴学雷，2017. 实测资料缺乏条件下水电工程勘察设计技术应用［J］. 云南水力发电，（5）：74－79.

吴志春，郭福生，林子瑜，等，2016. 三维地质建模中的多源数据融合技术与方法［J］. 吉林大学学报（地球科学版）（6）：1895－1913.

谢小平，白毛伟，陈芝聪，等，2019. 龙门山断裂带北东段活动断裂的遥感影像解译及构造活动性分析［J］. 国土资源遥感，31（1）：237－246.

解凌飞，李德，2020. 基于BIM技术的水利水电工程三维协同设计［J］. 中国农村水利水电（3）：105－111.

许杰颖，谢雄耀，周应新，等，2019. 山岭隧道结构裂缝特征自动化提取算法研究［J］. 地下空间与工程学报，15（S1）：219－224.

徐岗，裴向军，袁进科，等，2019. 基于无人机摄影技术的高陡危岩体调查分析［J］. 公路，64（5）：175－180.

徐彤，2018. 基于BIM＋GIS的水电工程多目标动态优化管控平台研究［D］. 天津：天津大学.

薛刚，冯涛，王晓飞，2017. 建筑信息建模构件模型应用技术标准分析［J］. 工业建筑，47（2）：184－188.

杨力龙，2017. 基于轻小型无人机的航空摄影测量技术在高陡边坡几何信息勘察中的应用研究［D］. 成都：西南交通大学.

杨玉春，刘康和，2005. 试析综合物探的意义和作用［J］. 西部探矿工程（11）：243－244.

袁木，肖明，2015. 软岩引水隧洞施工开挖过程围岩变形规律研究［J］. 水力发电（3）：24－28.

袁毅峰，冉从彦，王刚，2016. 隧洞工程乏勘探条件下的BIM设计运用初探［C］//2016年全国工程地质学术年会论文集：71－77.

张宗亮，张天明，杨再宏，等，2016. 牛栏江红石岩堰塞湖整治工程［J］. 水力发电，42（9）：83－86.

张社荣，徐彤，张宗亮，等，2019. 基于BIM＋GIS的水电工程施工期协同管理系统研究［J］. 水电能源科学，37（8）：132－135，83.

张社荣，刘婷，朱国金，等，2019. 基于BIM的长距离引调水工程三维参数化智能设计研究及应用［J］. 水资源与水工程学报，30（3）：139－145.

张志涛，2018. 基于点云数据的道路勘察设计技术研究［D］. 天津：河北工业大学.

赵怀岐，张淑娟，2010. 综合勘测技术在井位选择中的实践与应用［J］. 陕西水利（4）：129－130.

赵耀龙，巢子豪，2020. 历史GIS的研究现状和发展趋势［J］. 地球信息科学学报，22（5）：929－944.

朱国金，胡灵芝，潘飞，等，2016. 长距离引调水工程智能辅助设计平台关键技术［J］. 水利与建筑工程学报（6）：190－194.

朱鑫，漆泰岳，王睿，李涛，2017. 一种改进的用于裂缝图像分割的 Otsu 方法 [J]. 地下空间与工程学报，13 (S1)：80 - 84.

AXELSSON P，1999. Processing of laser scanner data - algorithms and applications [J]. ISPRS Journal of Photogrammetry & Remote Sensing，54：138 - 147.

BAY H，TUYTELAARS T，GOOL L V，2006. SURF：Speeded up robust features [C]. European Conference on Computer Vision (1)：404 - 417.

CHEN Q，GONG P，BALDOCCHI D，et al.，2007. Filtering Airborne Laser Scanning Data with Morphological Methods [J]. Photogrammetric Engineering & Remote Sensing，73 (2)：175 - 185.

DAVIDOVIC M，KUZMIC T，2018. Modern Geodetic Technologies As a Basis of the Design and Planning [M]. 10.1007/978 - 3 - 319 - 71321 - 2 (Chapter 56)：645 - 660.

LINDEBERG T，1994. Scale - space theory：a basic tool for analyzing structures at different scales [J]. Journal of Applied Statistics，21 (1)：225 - 270.

LINDEBERG T，1998. Feature detection with automatic scale selection [J]. Computer Vision，30 (2)：79 - 116.

MOREAL J M，YU G，2009. ASIFT：A New Framework for Fully Affine Invariant Image Comparison [J]. SIAM Journal on Imaging Sciences，2 (2)：438 - 469.

SITHOLE G，VOSSELMAN G，2004. Experimental Comparison of Filter Algorithms for Bare - Earth Extraction from Airborme Laser Scanning Point Clouds [J]. ISPRS Journal of Photogrammetry and Remote Sensing，59 (12)：85 - 101.

VOSSELMAN G，2000. Slope based filtering of laser altimetry data [J]. International Archives of Photogrammetry and Remote Sensing，33 (Part B3)：935 - 942.

YANG H，ZHANG S，WANG Y，2012. Robust and Precise Registration of Oblique Images Based on Scale - Invariant Feature Transformation Algorithm [J]. IEEE Geosicience and Remote Sensing Letters，9 (4)：783 - 787.

索　引

《水利水电工程信息化BIM丛书》编辑出版人员名单

总 责 任 编 辑： 王　丽　黄会明

副总责任编辑： 刘向杰　刘　巍　冯红春

项 目 负 责 人： 刘　巍　冯红春

项目组成人员： 宋　晓　王海琴　任书杰　张　晓
邹　静　李丽辉　郝　英　夏　爽
范冬阳　李　哲　石金龙　郭子君

《HydroBIM－乏信息综合勘察设计》

责任编辑： 刘　巍

审稿编辑： 刘　巍　柯尊斌　孙春亮　任书杰

封面设计： 李　菲

版式设计： 吴建军　郭会东　孙　静

责任校对： 梁晓静　黄　梅

责任印制： 焦　岩　冯　强